U0211766

"十二五"国家重点出版物出版规划项目

地域建筑文化遗产及城市与建筑可持续发展研究丛书

"十二五"国家科技支撑计划课题

前沿生态技术

可持续城市建设的当务之急及应对策略

The EcoEdge

Urgent Design Challenges in Building Sustainable Cities

［澳］ 埃丝特·查尔斯沃思　罗伯·亚当斯　主编

陆明　邢军　译

哈尔滨工业大学出版社

黑版贸审字08-2015-068号

图书在版编目(CIP)数据

前沿生态技术：可持续城市建设的当务之急及应对策略/(澳)查尔斯沃思(Charlesworth，E.)，(澳)亚当斯(Adams，R.)主编；陆明，邢军译. ——哈尔滨：哈尔滨工业大学出版社，2017.5
（地域建筑文化遗产及城市与建筑可持续发展研究丛书）
ISBN 978-7-5603-5200-8

Ⅰ.①前… Ⅱ.①查…②亚…③陆…④邢… Ⅲ.①城市建设—可持续性发展—研究 Ⅳ.①TU984

中国版本图书馆 CIP 数据核字(2015)第 318773 号

策划编辑　杨　桦
责任编辑　李长波
出版发行　哈尔滨工业大学出版社
社　　址　哈尔滨市南岗区复华四道街 10 号　邮编 150006
传　　真　0451-86414749
网　　址　http://hitpress.hit.edu.cn
印　　刷　哈尔滨市石桥印务有限公司
开　　本　787mm×960mm　1/16　印张 16　字数 310 千字
版　　次　2017 年 5 月第 1 版　2017 年 5 月第 1 次印刷
书　　号　ISBN 978-7-5603-5200-8
定　　价　60.00 元

（如因印装质量问题影响阅读，我社负责调换）

目录

第1篇　城市设计与可持续城市

第2篇　基础设施与可持续城市

第 3 篇　建筑与可持续城市

图片索引

表格索引

编著者

罗伯·亚当斯（Rob Adams），墨尔本大学教授，墨尔本城市设计主任。作为建筑师和城市设计师，他开创性的工作包括墨尔本复兴，该项目被认为是 2007 年澳大利亚城市设计、城市规划和建筑的规程。2008 年，他被授予年度澳大利亚总理杯环保卫士称号。

布莱特·安德烈森（Brit Andresen），作为一名学者和建筑设计师，因其在澳大利亚和海外的突出成就被授予 2002 年 RAIA 金奖。他是安德烈森·奥格曼建筑事务所（Andresen O'Gorman Architects）的负责人、昆士兰大学（University of Queensland）的教授和建筑师。

史考特·博伊尔斯顿（Scott Boylston），格鲁吉亚萨凡纳艺术与设计学院（Savannah College of Art and Design）平面设计专业的教授。他著有《可持续的包装设计》（*Designing Sustainable Packaging*，Lawrence King Publishers，2009），并发表了有关环境恶化的短篇小说和诗歌。在国际展览中，他的海报设计展示了监狱改革、移民权利、全球化和政府的伪善等问题。

詹姆斯·布兰蕾（James Brearley），墨尔本皇家理工大学的兼职教授，2001 年方群（Qun Fang）成立了 BAU（Brearley Architects ＋ Urbanists）的上海分公司。BAU 和史蒂夫·华福（Steve Whitford）合作，在 2001 年以其 25 平方千米的新余城市扩展设计获得了城市设计邀请竞赛的一等奖。他们将其成功归因于一种建筑、景观、城市设计和规划的跨学科方法。

埃丝特·查尔斯沃思（Esther Charlesworth），墨尔本皇家理工大学（RMIT University，Melbourne）的高级讲师，是澳大利亚"建筑师无国界"组织的创始人。她研究在社区发展，特别是战后冲突和自然灾害等方面中设计专业人员应该扮演的角色。出版物有

《建筑师无国界：战争、重建和设计责任》(*Architects without Frontiers*：*War*，*Reconstruction and Design Responsibility*，Elsevier，2006)，以及与乔恩·卡拉姆(Jon Calame)合著的《分裂的城市：贝鲁特、贝尔法斯特、耶路撒冷、尼科西亚和莫斯塔》(*Divided Cities*：*Beirut*，*Belfast*，*Jerusalem*，*Nicosia and Mostar*，University of Pennsylvania Press，2009)。

梅勒妮·多德(Melanie Dodd)，墨尔本皇家理工大学的建筑师和建筑项目主管。她是国际艺术与建筑合作组织 Muf 的成员，也是多学科和以研究为基础的实践组织 Mufaus 的创始成员。Muf 的建筑艺术展已经在匹兹堡的卡内基博物馆(Carnegie Museum Pittsburgh)、纽约范·艾伦研究所(Van Allen Institute，New York)和伦敦设计博物馆(Design Museum，London)公开展出。2010 年，梅勒妮在悉尼召开的国家建筑会议——"非凡与平凡"(Extra/Ordinary)中担任创意总监。

保罗·道顿(Paul Downton)，生态建筑公司(Ecopolis Architects，Adelaide，Australia)的主创建筑师、城市生态学家。他是获得众多奖项的建筑师和城市规划专家，他最著名的成果是结合生态建筑、生态城市设计与生态城市规划策略的"生态城市"和"城市分形"概念，是澳大利亚政府高度赞赏的《家庭技术手册》(*Your Home Technical Manual*)的编辑和第一作者。他最新的成果是《生态城市：建筑和城市气候变化》(*Ecoplis*：*Architecture and Cities for a Changing Climate*，Springer Press/CSIRO，2009)一书。

史考特·德雷克(Scott Drake)，墨尔本大学的建筑规划专业的高级讲师，他是《建筑元素：建筑环境绩效的原则》(*The Elements of Architecture*：*Principles of Environmental Performance in Buildings*，Earthscan，2009)一书的第一作者，也是《第三皮肤：体系结构、技术和环境》(*The Third Skin*：*Architecture*，*Technology and Environment*，UNSW Press，2007)的作者。

克瑞斯娜·迪普莱西(Chrisna Du Plessis)，南非科学与工业研究理事会(CSIR)的首席研究员。她曾获比勒陀利亚大学(University of Pretoria)可持续发展专业的学士与硕士学位，萨尔福德大学(University of Salford)城市可持续性科学博士学位，查尔摩斯工学院(Chalmers University of Technology)的工程荣誉博士学位,为发展中国家联合国环境规划署(UNEP)和国际建筑委员会(CIB)的发展中国家可持续建设第 21 号议程(Agenda 21 for sustainable Construction in Developing Countries)做出了努力。

约翰·芬(John Fien),墨尔本皇家理工大学可持续性创新领导力课程的教授,致力于大学中社会、环境和经济的可持续性研究。他拥有自然资源管理、公众参与和可持续消费等跨学科教育和培训经验,在大学研究人员、商业、工业、政府、非政府组织、学校和社区之间建立了合作关系,并有着广泛的可持续发展议程。

维姆·哈夫卡姆(Wim Hafkamp),海牙尼克斯学院(Nicis Institute,Hague)的科研部主管。环境研究所的教授、伊拉斯谟可持续发展与管理中心(Erasmus University,Rotterdam)的主任。他是可持续环境政策的经济效应方面的建模专家,也一直是荷兰住房、空间规划和环境顾问委员会(Dutch Advisory Council on Housing,Spatial Planning and Environment)和运输、基础设施委员会(Council for Transport and Infrastructure)的成员。

拉尔夫·霍恩(Ralph Horne),墨尔本皇家理工大学的教授和设计中心的主任,英国和澳大利亚环境评估和设计专家。他最近的研究集中在生态设计和社会环境方面,尤其致力于研究保障性住房、产品和包装的生态设计、消费、生命周期评估、碳中性社区和可持续的家庭实践方面。

艾利克斯·利夫舒茨(Alex Lifschutz),在加入福斯特公司(Foster Associates,1981—1986)后,曾在香港和上海银行工作,之后与戴维森合作成立了利夫舒茨·戴维森(Lifschutz Davidson)设计事务所。他在所有的实践项目中都很活跃,并启动研发结构的新系统和适应性强的结构。自 2002 年以来,他一直担任建筑协会(Architectural Association Council)的理事会成员。

何新城(Neville Mars),荷兰建筑师,北京动态城市基金会(DCF)董事,从事中国城市快速发展的设计与研究。在他的《中国梦:建设中的社会》(*The Chinese Dream：A Society under Construction*,010 Publishers,2008)一书中,针对中国高速城市化议题进行了相关研究。

桑塔·希拉·奈尔(Shantha Sheela Nair)，印度新德里政府农村发展部的秘书，负责印度的农村环境卫生状况方面的事务，是可持续发展在印度的倡导者。她试图确保各级政府给予印度农村环境高度重视并且积极推进印度城市的雨水收集工作。

丹尼斯·帕普斯(Dennis Pieprz)，佐佐木公司(Sasaki)总裁，该公司主要从事城市设计和城市更新，并致力于跨学科的团队合作。他领导了佐佐木的获奖项目——绿色奥运(Olympic Green)，即2008年北京奥运会主要场址的规划设计方案。同时，他作为主创设计师的项目在三十多个国家获得了设计奖。

里昂·凡·斯查克(Leon van Schaik)，皇家墨尔本理工大学建筑系教授，他基于墨尔本的实践促进了当地和国际建筑文化的发展研究，他致力于创建和维护创新社区。出版物包括：《掌握建筑：成为在实践中创造性的创新者》(*Mastering Architecture：Becoming a Creative Innovator in Practice*，Wiley，2005)，《墨尔本城市设计》(*Design City Melbourne*，Wiley，2006)，《空间智能：建筑新未来》(*Spatial Intelligence：New Futures for Architecture*，Wiley，2008)和《实现创新建筑》(*Procuring Innovative Architecture*，Routledge，2010)。

梅彻索德·斯图马彻(和瑞恩·柯尔特科尼)Mechthild Stuhlmacher (and Rien Korteknie)，于2001年创立柯尔特科尼·斯图马彻建筑事务所(Korteknie Stuhlmacher Architects)。该公司涉及居住建筑、实验住宅、教育类公共建筑、体育和文化类建筑、商业建筑、城市设计以及公共空间艺术设计等诸多领域。斯图马彻是寄生虫基金会(Parasite Foundation)的创始人之一，该组织主要投资建设高品质的临时建筑。她自1997年以来就在代尔夫特理工大学(Delft University of Technology)教授建筑设计。

约翰·沃辛顿(John Worthington)，国际领先战略与设计顾问公司(DEGW)创始人之一，谢菲尔德大学(University of sheffield)建筑学的Graham Willis教授，也是都市主义学院的院长。他是伦敦泰晤士河口开发公司董事会成员，CABE/RIBA建筑未来(2003—2006)的主席。出版著作《改造工作场所》(*Reinventing the Workplace*，Architectural Press，2nd edn，2006)。

致谢

感谢来自墨尔本市各界人士的不断支持及其远见卓识,他们在 2005 年至 2008 年间举办了最初的生态前沿会议。特别感谢安妮塔·纳尔逊(Anitra Nelson)和弗兰斯·蒂默曼(Fans Timmerman)在协助编辑这本书过程中的耐心与技术支持。最后还要感谢弗朗西斯·福特(Francesca Ford)在 2008 年至 2009 年间对生态前沿理念的支持。

对于本书提供图片的下列版权者表示衷心的感谢。

BVN Architecture(图 3.1),John Gollings/National Library of Australia(图 3.2),City of Melbourne(图 5.1 和图 5.2),Melaver,Inc./Lott Barber(图 10.2),Ian Lambot(图 16.4),Michael Barnett(图 18.2),Anthony Bowell(图 18.3 和图 18.4)and John Gollings(图 18.6)。

我们已经为和版权所有者联系做出了最大努力。如果其中使用了任何未经许可的材料,我们在这里诚挚地向您道歉。如果有任何错误以及疏漏,请您指出,以便在将来的出版中及时改正。

埃丝特·查尔斯沃思　罗伯·亚当斯
2010 年 6 月

缩略语表

BAU/Brearley Architects and Urbanists/建筑规划事务所

BREEAM/Building Research Establishment Environmental Assessment Method/英国建筑研究院绿色建筑评估体系

CABE/Commission for Architecture and the Built Environment/建筑和建成环境委员会

CAS/complex adaptive system/复杂自适应系统

CBD/city or central business district/城市或中央商务区

CCP/Chinese Communist Party/中国共产党

CEF/Chatham Environmental Forum/查塔姆环境论坛

CSCB/Coin Street Community Builders/科因街社区建设者

DD/dynamic density/动态密度

EcoSan/ecological sanitation/生态卫生设施

ECCT/EcoSan community compost toilets/生态卫生社区堆肥厕所

FAR/floor area ratio/容积率

ICA/Investment and Construction Authority/投资和建设管理局

IfS/Institute for Sustainability/可持续发展研究所

LDS/Lifschutz Davidson Sandilands/LDS 建筑师事务所

LEED/Leadership in Energy and Environmental Design/绿色能源与环境设计先锋奖

MUD/market-driven unintentional development/以市场为导向的无意识发展

OCC/Office of Government Commerce/政府商务办公室

PUC/People's Urbanity of China/中国的市民都市

SCAD/Savannah College of Art and Design/萨凡纳艺术与设计学

院

SES/social－ecological system/社会生态系统

SOHO/single occupant home office/small office home office/独户
家庭办公室/小型家庭办公室

UEA/Urban Ecology Australia/澳大利亚城市生态学

UPI/Urban Planning Institute/城市规划研究院

URI/Urban Renaissance Institute/城市复兴研究所

VVD/Volkspartij voor Vrijheid en Democratie（People's Party
for Freedom and Democracy）/自由民主人民党

前沿生态技术

埃丝特 · 查尔斯沃思

居住在一个气候多变的城市中会是什么样子？除了需要采取简单的工程措施来应对气候变化外，气候变化对于城市还有什么影响？是否直到过高的税收使我们无法自由地享用水资源时，我们才会意识到水有多么重要？除了在公共交通系统周围提高住房密度，还有什么方式能够减少废气排放量？郊区改造要达到什么标准人们才愿意在此居住？如何与社区协商相关标准并使其得以实施？基于以上问题，在设计层面上，我们需要具备对各种备选方案进行评价和优选的能力。

(Stalker，2007：4)

关于本书

写这本书的灵感源自定期召开的"城市前沿"（City Edge）国际城市设计会议上的一些热点话题和讨论，该会议由澳大利亚墨尔本市主办。会议中的一系列话题在城市管理者、建筑师和规划师中引起了广泛关注，这表明设计从业者和相关学者们越来越渴望以此为基础，分享和借鉴国际同行的可持续城市设计经验。

本书介绍了包括中国、印度、南非、英国、丹麦、荷兰、美国和澳大利亚等国家的 14 个城市的案例研究，为不同气候类型的城市规划转型提供了启示。这些案例研究关注了当前城市设计中具有挑战性的议题——人口密度、基础设施、碳平衡（低碳排放）及城市可持续性改进等。每个作者都针对其研究的城市"绿色"问题提出了解决方案，而可持续发展方案的实施通常需要克服城市规模与文化的阻碍。可持续的城市设计、规划、建筑设计和建筑技术等工作领域经常出现责任和机会之间的矛盾，许多作者对此进行了分析。例如，依据碳平衡规划原则对新、旧城市中心实施可持续发展总体规划时，如果规划设计师们想获得财政方面的支持，就必须在方案的可持续性方面做出妥协。

本书中的案例研究围绕"生态前沿"这一主题，来探讨构建可持续城市面临的巨大挑战，并试图从三个主要领域来寻求城市可持续发展的策略：(1)城市设计，(2)基础设施，(3)建筑设计。书中的文章及研究成果均来自该领域的国际知名学者，他们通过案例研究深入阐述了城市可持续发展的重要技术方法和经验。

"绿色话语"还是"绿色洗劫"

"绿色话语(Greenspeak)"已逐渐成为设计和规划行业的中心话题。但在可持续发展的实践中，真正有所行动的设计师、规划师和城市决策者却不多。本书——《前沿生态技术：可持续城市建设的当务之急及应对策略》(*The EcoEdge：Urgent Design，Challenges in Building Sustainable Cities*)，不仅提出了可持续城市的设计理论，还提供了相关方面的实践经验。一些建筑师和设计师已经成功通过使用被动式太阳能设计或者创新的建筑技术在实践中实现了可持续发展。同样，生态革命正在全球范围发挥作用，例如居民在自家后院安装水箱、太阳能电池板和蠕虫农场。然而，个人的力量不足以推动整个城市的可持续的改变，这需要集体的力量和政策的引导，从而减少城市的碳排放量并抑制城市的蔓延。遗憾的是，尽管日本京都和哥本哈根的世界气候大会引发了媒体混战，但通过城市整合与改善公共交通这样的措施来改变大城市环境仍然很艰难，因为政治家们更希望将政策支持与资金投入到其他方面，而不是投资于那些能够减少气候变化影响的项目。

设计师的背弃(*Designer denial*)

媒体一直在报道未来气候变化对人们的影响，例如城市中心将变得更热、更干燥、更易受到风暴、飓风和洪水的侵袭等，而气候变化对沿海地区的影响更大，海平面上升、经常性的暴风灾难，使人们流离失所。拉尔夫·霍恩认为,虽然人们已经认识到大部分的温室气体由城市排放,但全球变暖的实际数据显示,实现低碳紧凑型城市的愿望与现实差距越来越大。

未来的 20～40 年,孟买、墨尔本等多数大城市规模将会增加一倍,设计行业专业化发展的时代已经到来,并面临着严峻的挑战。保罗·道顿建议,区域性基础设施枢纽(如交通枢纽和就业中心)的建设和投资政策必须遵循可持续城市设计原则。否则,政治家们空有大量应对气候变化的政策,却缺乏有效的实施办法。不重视全球气候变暖对城市居民的威胁,就如同城市设计师在复杂的总体规划中不考虑人口相关性和未来就业等问题一样。

避免孤立决策的制定

后记中,我们对 14 个案例研究中交叉的主题进行了梳理与总结。这些案例所反映的最突出的问题是城市可持续发展的迫切挑战,正如阿尔伯特·爱因斯坦曾经说过:"我们不能用产生问题的思维模式来解决问题。"传统设计实践的学科沙文主义是导致许多城市问题的核心,如出现一些被赋予审美特权的建筑,它们往往脱离了社会的公平性和环境的可持续性。建筑师、城市设计师和规划师应当吸取本书中案例的经验与教训,积极与来自科学、城市社会学、商业和政治等各界工作者合作。书中的一位作者维姆·哈夫卡姆认为:

设计工作的核心已经不仅是关注城市形态、建筑环境,或公共空间的质量等方面,更要体现利益相关者之间的相互作用:如居民、教师、雇主、房屋公司、青年工作者、警察,甚至是政治家和部长。

参考文献

Stalker, C. (2007)'Design in the age of climate change', paper presented to *Urban Design Australia Conference*, Canberra, September. Online: www. urbandesignaustralia. com. au/images/Docs/Papers/Caro-lineStalkerDes％20in％20the％20Age％20of％20climate％Change. pdf; accessed 12 December 2009.

第 1 篇

城市设计与可持续城市

综述

梅勒妮·多德

城市不仅是建筑和空间的排列组合,也是一种行为系统和社会形态,但这一点却常常被忽略。城市规划师要关注的东西过多,以至于他们常常忽略了日常生活中的时间和节奏。如果我们不懂得享受城市生活,又如何进行城市设计? 生活习惯和日常活动是城市形态和建筑空间的重要组成部分,但同时也是难以把握的,常常被当地政府和参与城市设计的企业忽视。

我们一直固执地认为,城市设计的出现是为了应对 19 世纪城市增长的问题,以及解决复杂的基础设施建设问题,其中包括卫生、供水和食品的供给与运输等工程和技术方面的问题。其实在城市发展的早期,日常生活和城市形态之间(relationship between daily life and urban form)存在着一种极其密切的共生关系。那时也是城市生态学的黄金时期(Reid,1993)。例如,在 17 世纪的伦敦和巴黎等城市,垃圾(主要是指厨房垃圾和人类的排出物或粪便等有机废物)被直接倾倒在大街上,这一现象启发了一些人通过收集粪便为附近的市场花园(market garden)提供肥料,这些市场花园又可以为群众提供食物,从而创造出经济价值。事实上,这些有意义的行为展示了我们曾经的历史,我们将生活融入城市,而不是机械地改造城市,那时,进食的节奏也是一种塑造城市的依据(Steele,2009)。特别是后工业化时代以来,城市基础设施与生活品质产生了严重的矛盾,我们更应从中吸取经验教训。当大都市再次面临可持续发展的问题时,我们拥有许多技术性的解决方案却难以从中选出最合适的一种。从打破汽车依赖到占主导地位的

3

农业企业物流再到空调的过度使用,这些破坏性"机制"正迅速消耗着我们日益减少的资源。

只有充分了解城市设计实践的基本模式,才能更有效地体会到基础设施中符合人类行为习惯的软性要素,而不仅仅是技术形式(Landry,2000)或者硬性要素。在探索可持续城市生态系统的过程中,需要更多地关注人本理念,以及人们日常行为活动所反映的社会与文化价值。德雷克在关于城市空气价值的研究中谈到了这个悖论,他认为空气价值的社会学意义多于技术意义。关于空气价值的一项技术研究显示,人们使用这些能够提供新鲜空气的"空间",不仅是为了呼吸清洁的氧气,还有其他原因——包括享受远处的风景、改善心情、享用食物以及交谈。从现象学的角度,这可以定义为一种空间类型学;相对于空气的量化问题,人们更加关注空气的定性问题以及它们横向的联系。

针对人类习惯和日常生活的社会学研究有利于城市的可持续发展。我们被久坐的习惯束缚着(Shove,2009),而这种习惯的养成离不开温暖的室内环境和普及了的卧室卫生间:这意味着我们的行为习惯(behavioural habits)是可以被改变的,而这种改变的同时加速了我们对能源的消耗。这种影响,在建筑尺度上表现不明显,而更多地体现在人们日常纷乱的现实生活中。例如从社会生态学角度来思考家庭系统的日常活动(Manzini and Jegou,2003),如生产、消费和废物循环,从中我们可以发现生活中那些可持续性的微观生态学。从生活细节入手,可以为整座城市播下可持续的生态之种。

哈夫卡姆明确指出:城市的可持续发展与城市的社会政治因素密切相关,环境主导方法在解决城市可持续发展问题上存在着局限性。在当代荷兰,种族排斥日益严重,有的学者认为我们的城市并不是中立性的载体,城市中存在多种利益分歧,因此不能仅通过自上而下的政策实现城市的可持续发展。城市本身充满多样性和差异性,同时社会经济缺陷也尤为明显,因此,以关注气候变化为主题的可持续发展议程并不具备号召力。世界各地对于陌生人、外来者和极端主义者都有着潜在的恐惧,这是某些政党垮台后对全球民主造成的副作用,而这种情况早已被政治理论家(Bauman,1996)预见。当一个城市具备了多元文化,对其进行城市设计时会较少关注建筑形式,而将更多地关注"对分歧的每日协商"(daily negotiation of difference)(Amin and Thrift,2002)。城市共享空间中存在大量民族间协调发展的实践和政策问题(Sander-cock,2003)。城市将呈现一种新的状态:城市居民的生活将会改变,文化和人类活动相互作用的必然结果是分裂和多元化。多个部门参与城市的规划和设计,并寻求一种新的工作流程:更多的公众参与和探讨过程可以使我们了解冲突和分歧。通过关注特定的邻里区域来应对多变的城市状态,重视"塑造相互作用"以及协调分歧。

亚当斯通过墨尔本人口增长(population growth)统计向我们展示了可持续城市和如何设计可持续城市的困境。如今,为了能在现有的城市范围内容纳多一倍的人口,我们也陷入了类似的困境。亚当斯对系统性变革的研究——包括激励机制、监督管理机制和金融机制——促使社会预期和社会行为向更加集约的方式转变。这项研究提供了令人信服的数据,这些数据指出,城市的集约化程度和密度只需要达到当前状态(城镇走廊和活动中心)的6%~10%,就可以容纳目前两倍的人口。但困境仍然存在,我们怎样才能重塑根深蒂固的行为习惯呢?单靠政策的力量去说服人们适应更密集的生活是不够的。就像亚当斯说的一样,只有当大多数的人不再期望在一块土地上拥有一座宽敞的独立住宅时,政策引导在理论上才能可行。这一点在私人市场主导房地产开发的地区更加明显。在此类地区,房屋供给的制定与国内房地产膨胀和投资现状联系紧密,并符合房屋所有者的利益。有趣的是,最成功的城市可持续发展的创新措施往往是迫于情势强加在城市上的。最具有影响力的都市农业运动在古巴已经催生了超过2 700家的国营城市蔬菜园(开发在城市空置地段),这是政府为缓解因进口制裁及其他国家封锁导致的粮食短缺所做的努力。尽管这是孤注一掷的办法,但在社会层面,常规的做法远远不能刺激因规模转变引起的密度增加。

显然,管理行为的"改变"(managing behavioural change)是可持续城市化和城市设计首要考虑的问题。沃辛顿得出的结论正是这样,城市的特征就是不断变化,即"改变才是常态"(change is the norm)。他批评了机械化的城市规划方法,认为那只是为获得量化结果并为寻常价值提供的特权,却使他们忽略了社会、文化和经济的复杂性及其所对应的特定背景。相比于零碳议程(zero carbon agenda),他更主张推动本土力量——例如与剑桥大学签订未来计划——自上而下制定一项政策,同时自下而上推动社区建设。

为了使城市规划师和建筑师可以在各自关于城市设计和可持续发展的考量中建立共识,迪普莱西提出了一套相对完整的理论。在这套理论中,她认为问题的关键并不在于根据规定和既定的"蓝图"进行控制。在20世纪为改善这种混乱的城市问题而提出的城市设计,由于惯性思维而导致以失败告终,于是城市设计故步自封并造成严重后果。现在,可以将城市重新定义为一个勉强维持平衡而又不断变化的复杂"生态系统"。城市作为一个自适应的系统进行管理,这在发展中国家有许多有价值的案例。该系统中,社会与空间的边界被日常生活不断调整。哲学家米歇尔·德塞都(Michel de Certeau,1988)提到了战术和战略之间的辩证关系。他将战略与机构和权力结构联系起来,而将战术视为个人使用的应急工具,以便从根本上应对这种自组织行为带来的问题和约束。虽然这些针对日常生活的战术是投机取巧的,但在根本上推动了城市的生态系统发展。迪普莱西和德塞都关注了同一个问题:我们如何能够在一个复杂的自适应系统中实行可持续发展。迪普莱西将人、人的行动和行为模式定义为"社会生态系统"(SES),这属于社会、文化、政治和经济特异性的范畴。从"系统"的角度思考问题与大多数城市设计案例中所体现的合理性和有序性是不同的,合理性和有序性通常被理解为一种"照章行事"和人造的秩序(城市)。这种控制是20世纪的城市化陷阱(Koolhaas and Mau,1998)。一种更复杂的解释是,与"活性物质"或人一起工作时(De Landa,1997),设计者不能将先入为主的观念强加给设计空间。事实上,从一个被认可的城市设计师(Kaliski et al.,2008)转变为一名市民意愿的代言人、可持续发展的促进者,又或者是一名拥有诸多机会的协调者,是一个根本性的转变。

建筑和城市设计将要被系统化思维重新定义,城市设计师被看作是全能的创造者,认可人类权力和能动性的设计流程也已经出现,随着计算机技术、模拟方法、预测和优化技术的出现,政治方面的参与式设计及宽松的、适合的基础设施战略都将得到完善。无论方向如何,盲目的技术崇拜并不可行,而地方选区为实现可持续发展体现出来的适应性变化细节,促使城市做出改变并成为激发社会行为活跃的重要因素。

承认城市生态的不稳定性,能够使我们更加珍惜城市中不够完美的方面,并且向调整与适应管理的方向努力:学会理清混乱的源头,而不是单单清除混乱的结果。

参考文献

Amin, A. and Thrift, N. (2002) *Cities: Reimagining the Urban*, Cambridge: Polity Press.

Bauman, Z. (1996) *Alone Again: Ethics after Certainty*, London: Demos.

Certeau, M. de(1988) *The Practice of Everyday Life*, Berkeley and Los Angeles: University of California Press.

De Landa, M. (1997) *A Thousand Years of Non-Linear History*, New York: Zone Books.

Kaliski, J., Chase, J. and Crawford, M. (2008) *Everyday Urbanism*, New York: Monacelli Press.

Koolhaas, R. and Mau, B. (1998) *S M L XL*, New York: Monacelli Press.

Landry, C. (2000) *The Creative City: A Toolkit for Urban Innovators*, London: Earthscan.

Manzini, E. and Jégou, F. (2003) *Sustainable Everyday, Scenarios of Urban Life*, Milan: Edizione Ambiente.

Reid, D. (1993) *Paris Sewers and Sewermen*, Cambridge, Mass.: Harvard University Press.

Sandercock, L. (2003) *Cosmopolis II: Mongrel Cities in the 21st Century*, London: Continuum.

Shove, E. (2009) 'Habits and Their Creatures', unpublished, Lancaster University.

Steele, C. (2009) *Hungry City: How Food Shapes Our Lives*, London: Random House.

城市中的空气
工作场所

史考特·德雷克

现代化城市是用来处理人口密度的技术聚集体。目前，现代化城市对于物质材料、水以及能源的使用效率，并不利于其长期运行，但是我们必须清楚，现在所采取的相关措施并非为了应对西方的消费文化，而是为了应对城市生活问题的必要技术手段。实现城市系统可持续性的提升，需要重建城市的环境及其基础设施。

本部分就城市水需求设计和工作场所"更新"空间设置等问题进行了讨论，介绍了简单处理建筑内部空气的实例，为改善水和能源的处理方式带来新的启示，即创新需要的不仅仅是技术，模式创新才是创新的根本。

城市用水需求与供给

在现代都市中，人口密度问题对环境造成了巨大影响。沥青和石材常用于建造道路，以承载相应的交通量。如果没有沥青和石材，城市道路将处处是泥泞和灰尘（Brand，1994；Leatherbarrow and Mostafavi，1993）。同时也会导致一些不良的环境影响，尤其在人工路面上会造成雨水径流以及城市热岛效应。通过改变排水系统或者利用屋顶绿化、墙体绿化等方式来增加城市绿化面积，可以部分缓解上述不良影响。然而，现有的建筑结构并不适宜植物的生长，因此需要大幅调整建筑的结构和设计以满足维持植物生存所需的土壤、灌溉、排水和养护等需求。

虽然城市尚未实现生态化,但可以通过设计来保持城市的清洁。在城市设计过程中,水资源的重要性常被忽视,同样被忽视的还有早期现代化进程中水处理方式对人类健康和卫生产生的影响。城市卫生的第一个伟大进步是工业革命之初的纺织工业,纺织工业的机械化生产使棉花更多地用于服装和床品("曼彻斯特"一词今天仍然有"棉纺织品"的含义)。城市卫生的第二个伟大进步出现在 19 世纪晚期,先是像流行病学家约翰·斯诺(John Snow)博士所做的研究,其次是以微生物学家路易·巴斯德(Louis Pasteur)和科赫(Robert Koch)等为代表的研究成果,此后人们逐渐认识到水与健康之间的密切关系。目前现代城市的人均日用水量已达到几百立方分米,这个事实证明了早期城市为避免高密度居住而产生的蔓延效应所出台的策略是行之有效的。

"虽然蚂蚁有着比人类更先进的抗生素系统,但我还是惊叹于人类的智慧,可以通过建立外在防御体系来抵御疾病,如创造了卫生间和洗衣房,并且将使用它们变为一种日常习惯"(Douglas,1966;Vigarello,1988;Goubert,1989;Shove,2003)。而且这些行为活动逐渐演变成一种娱乐活动,日常淋浴成为水疗的途径之一,而在过去,水疗只能在温泉小镇或者天然泉水区进行。水用于娱乐享受体现出了它的体温调节作用,即使在集中供暖和空调(air conditioning)系统出现以后,水仍然是一种直接有效的通过热传导改变体温的方式。花园中的水景,虽然常被误认为是一种纯粹的景观,但它通过蒸发蒸腾可以冷却和清洁空气,这同样有益于生理健康。

最初的城市给排水系统(localized collection and use of water)是一种集中式系统,用来控制用水质量并保障用水规模的经济性。这种集中式系统将"串联式"管网替换成相互平行的、具有单一功能的管网,每一根管道分别与给水管和排水管相连。随着这种集中式系统的使用和维护寿命的渐至,一种新的"可持续"排水设计则采用分区雨水收集和利用的方式,并鼓励通过中水处理厂,实现水的再利用。该措施卓有成效,但需要出台相关的规划法律条款以推动其实施,例如通过一定的经济奖励措施,鼓励收集建筑物屋顶的雨水并用于花园灌溉等。

能源使用

对能源的正确使用可能会成为控制人口密度最有效的方法。能源早已成为人类生存和发展的基础，人类最先使用的能源是火，它不仅使人们能享用到高能量的熟食，还节省了时间，于是人们可以去参加社会以及文化活动。能源的使用，提高了农产品收获及加工速度（Wrangham，2009）。从城市发展的角度，保持经济的活力十分重要，以化石燃料形式被储存起来的太阳能使得一些城市得以繁荣和发展（Tainter，1988）。成功的能源使用策略可以使现代城市人们消耗比维持其正常生理代谢高出百倍的能量（Boyden，2004）。能源主要用于城市中的交通、工业生产、建筑建造和运行。城市中大量使用能源减少了人工劳动力以及畜力（Latour，1991；1992）。能源的使用促进了现代城市工作模式的转变：从体力劳动到脑力劳动，从机械运作到人工智能，从工厂到办公室。

也许有人会说，20 世纪建筑形式的典型代表就是高层的办公大厦（high-rise office buildings，Martin，2005）。通常情况下，建筑能耗在城市能耗中的比例高达 40%。当然，建筑仅仅是一种高价值商品以及居住空间的载体。电梯（elevators）的出现对于建筑来说价值非凡，电梯使得高空与地面的联系更加紧密，通过电梯，空间有机会向高处发展。电梯使得高空空间得以利用，从而使得空间进化成为一种可交易的商品，并带来了持续到今天的过度投机行为（Willis，1995）。电梯十分重要而被广泛使用，建筑的层数随之提高，因此建筑的主要能耗被用于为高空空间来营造适宜的人工环境。在空调出现之前，即使是最高的建筑，其基底面积也会为了满足日照和通风而受到限制。但日光灯和空调的出现打破了这种限制，它们将建筑内部环境与外部环境分离开来（Abalos and Herreros，2003）。

威利斯·开利（Willis Carrier）等空调的发明者设计空调的初衷是为了满足一些制造工艺以及食品运输的要求，但是他们很快发现了空调在城市高密度空间中的应用价值，例如剧场、百货商场，还有办公楼内。空调在办公环境中的应用价值在于能够保持适宜的温度,以保证那些长时间伏案工作人员的工作效率。它可以保证工作人员足够暖和,又不至于太热出汗而弄湿文件。人工环境、钢筋混凝土框架结构以及玻璃幕墙共同构筑了现代城市的典型模式,即核心筒、钢和玻璃组合成的办公大厦。

办公建筑是城市中重要的建筑类型,然而很少有人像研究居住环境的舒适性一样去研究办公环境的舒适性。根据霍桑效应(Hawthorne Effect),对于工作场所来说,创造易于集中注意力的环境比舒适性更为重要(Gillespie,1991)。这或许是有道理的,但是这并不能成为建筑设计者或建筑所有者不去创造健康舒适的办公环境的借口。直到 20 世纪末期,弗兰克·杜菲(Frank Duffy,1997)、约翰·沃辛顿(2006)提出了"新工作空间"(New Workplace)设计,工作空间舒适性的价值开始被人们意识到。当时的工作方式也发生了重大变化,出现了便携式的移动电话以及计算机,并且管理方式也不再是逐级监督,而是依靠工作人员的主动性和积极性。这些变化是伴随可持续性运动出现的,它们之间存在着重叠和交叉的作用。例如,通过设计使工作空间更加集约高效,减少空间需求,从而降低能耗,并对建筑运行情况产生影响。另一个好处是开放工作区的设置从核心筒式建筑转移到线性板式建筑中,以此来适应新技术,例如天花板降温和通风管道置换等,能够有效改善空气质量(air quality)、提升工作舒适性。

混合模式

新工作空间的实践产生了一项未被证明的推论,即基于非静态工作环境下的热舒适度模型(thermal comfort,models of)以及热舒适控制模型的发展前景。奥莱·范格(Ole Fanger)在 20 世纪 70 年代建立了静态模型,用于减少建筑环境对长时间伏案工作人员造成的干扰。如果工作人员在工作时间可以四处走动,情况又会如何?他们是否会逃离恒温的空调房而去享用一杯冰爽的啤酒或是沐浴温暖的阳光?如果真的是这样,是否会促成一个更加可持续的建筑模式,减少对空调的依赖,而转向依靠环境控制的方式?

詹姆斯·格鲁斯（James Grose）和百瀚年建筑事务所（Bligh Voller Nield）的其他同事共同设计了位于墨尔本市滨海港区（Docklands）的国家银行（Drake，2005），在关于突破空间隔离的研究中，他们尝试去建立一种模型。在澳大利亚绿色建筑协会（Green Building Council of Australia）提出"绿星模型"（Greenstar model）之前，建筑设计很少关注可持续性。国家银行项目的创新性在于它的北立面，面朝维多利亚港设计了一系列的混合模式空间（mixed-mode spaces）（图3.1，3.2）。沿着建筑外表面设置进气孔，并通过位于另一侧的中厅排气管排出，实现自然通风。员工厨房设置了可开关的窗户，以及通往室外平台的出口。当室外环境较为适宜时，可采用自然通风，当室外温度或是风雨强度超过设置级别时，可自动切换到空调模式。

在一项由澳大利亚研究委员会（Australia Research Council）资助的项目中，我们试图探索空间使用与外部环境的相关性，例如，当自然通风系统运行时，哪些空间的使用会更加频繁。但结果却是无论外部环境如何变化，有些空间仍会被持续使用，并且是用

图 3.1
墨尔本滨海港区澳大利亚国家银行混合模式空间设计的一部分
来源：BVN Architecture

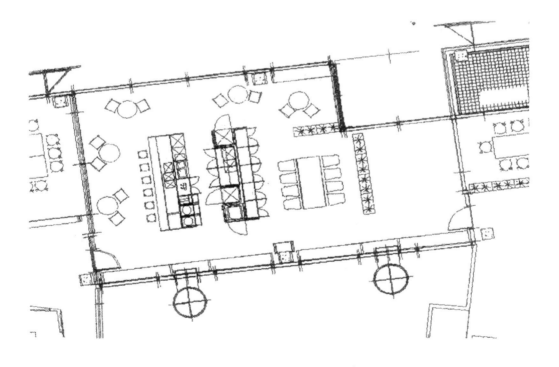

图 3.2

通过混合模式空间展示
具有可开关的窗户

来源:John Gollings 2004,
National Australia Bank
building, water-view con-
sultation romms, Dock-
lands, Melbourne［Na-
tional Library of Austral-
ia, Bib ID 3822130］

于离开内部环境的人员稍作休息,而不是为了亲近户外。调查问卷的数据显示,受访者到这些空间主要是为了离开办公桌或享用食物和饮料。有趣的是,在受访者的回答中,环境因素仅位列第三。使用者到那里也是为了享受阳光、风景、新鲜的空气或是体会建筑内其余空间的不同温度。使用的频率也令人吃惊,一些员工一天内使用这些空间高达六次。

自然通风(natural ventilation)并不是,也不应该是工作人员使用这些空间的主要原因。事实上,厨房是社交空间(social spaces)而不是服务空间,它应该被安排在拥有良好风景的窗边,而不是被塞在靠近消防楼梯和厕所的服务中心。将厨房安排在楼层中最好的位置,这一想法启发我们利用可开闭窗户以及自然通风系统去增进与室外环境的联系。这样,人们可以在吃饭或喝水的同时呼吸到新鲜空气。根据这项研究,我认为呼吸新鲜空气就像吃饭喝水一样是人类最基本的生理需求,如果没有它,人们也可以活着,但是一旦有了它,人们就会频繁享用。在一栋空调全覆盖的建筑中,人们想要呼吸到新鲜空气唯一的办法就是找个借口从单调乏味的室内环境中逃出，走到户外，去吃饭、逛街或是抽烟。

我个人并不反对空调的使用，只是主张为了使城市更加可持续，在使用空调时应更加明智和慎重。对空间进行温度和气流的控制已经极大地影响到了城市形态。可持续发展的倡导者支持通过设置控制线，以及开发利用效率低但可达性高的土地来控制城市密度，从而实现可持续发展。这样可以建立屏障，隔离现代城市街道中所产生的噪声、灰尘和异味。

如果城市街道变得更加安静、干净，并拥有更多的绿化会如何？如果街道的主人是行人、绿树、电动车以及公共交通工具而不是柴油卡车和私家车又会如何？城市空气质量问题既是城市需要解决的难题，也是建筑的难题。城市建设项目应该考虑减少堵车以及增加植被，并应根据其对建筑环境质量的贡献进行评价。另一方面，个体建筑的空气处理系统在设计时应考虑与城市空间的相互作用，在保护与使用城市空气方面，我们需要找到一种方法去整合公共与私人的利益，例如制定法规使工厂将排水口设置在城市水源的下游。

简而言之，我们将上述类型的空间称为"更新空间"（refresh space）。其结合了"更新"的益处，即食物和水可以让身体受益，而阳光、风景或室外空气则可以滋养心灵。由此可知，自然通风的设置不应脱离建筑功能，可尽量利用隐形元素使其连接建筑内各个必要空间，然而设计这种空间并不简单。

为实现自然通风，建筑物至少要在相对的两面墙壁上设置通风口。在国家银行大楼项目中，"更新空间"位于外墙（包括进气口）和中庭之间，通过不锈钢通风管排放空气。这种策略可应用于新建建筑，或小进深的旧办公室翻新项目。然而，在集中式的塔楼中配置这样的空间具有很大的难度，这种大进深的办公楼是大多数城市中的主要建筑类型，像大多数建筑类型一样，其应用趋势很难被改变。这一趋势应部分归咎于现行的建设方式，以及对新类型评判的缺乏。这种高层办公塔楼不断发展，意味着大多数的城市中心和其周围建筑是支持这种类型继续存在下去的。为了规避房地产和银行业风险，这种趋势一再加剧，将房地产信托公司遭遇的（或是由其自身导致的）困难变得更加艰巨。

因此，在工作场所添加一个"更新空间"，这个建议看似简单却难以实现。之所以在这里讨论这个问题，是因为这种新的建筑内部处理空气的例子为我们改变处理能源和水的方法提供了大量的参考，即创新需要的不仅仅是技术，模式的创新才是创新的根本。这些针对建筑制定的战略，例如能源在本地区的收集和使用（localized collection and use of energy），或水的获取和回收，又或者引进绿墙和绿色屋顶等，都需要通过全新的手段来实施，同时在实施过程中必须与周围的环境及城市要素相互作用、相互协调。我在实践中接触到一些建筑师，他们希望提升建筑的可持续性，他们认为，真正的挑战并不在于技术方面（他们知道如何使用相关技术），而在于说服商业客户和慈善机构承担创新带来的风险。只有敢于承担这样的风险，我们才能够探索出不依赖现代化人工环境来处理人口密度过高问题的新模式。也只有敢于承担这样的风险，我们才可以引导城市进行建筑与自然环境之间更好的互动。

参考文献

Abalos，I. and Herreros，J.（2003）*Tower and Office：From Modernist Theory to Contemporary Practice*，Cambridge，Mass.：MIT Press.

Boyden，S.（2004）*The Biology of Civilisation：Understanding Human Culture as a Force in Nature*，Sydney：University of New South Wales Press.

Brand，S.（1994）*How Buildings Learn：What Happens after They're Built*，New York：Viking Penguin.

Douglas，M.（1966）*Purity and Danger：An Analysis of Concepts of Pollution and Taboo*，London：Routledge & Kegan Paul.

Drake，S.（2005）'National @ Docklands'，*Architecture Australia* 94/1，January/February，62-69.

Duffy，F.（1997）*The New Office*，London：Conrad Octopus.

Gillespie，R.（1991）*Manufacturing Knowledge：A History of the Hawthorne Experiments*，Cambridge and New York：Cambridge University Press.

Goubert，J.－P.（1989）*The Conquest of Water：The Advent of Health in the Industrial Age*，trans. A. Wilson，Princeton，N.J.：Princeton University Press.

Latour, B. (1991) 'Technology is society made durable', in J. Law (ed.), *A Sociology of Monsters: Essays on Power, Technology, and Domination*, London: Routledge & Kegan Paul.

Latour, B. (1992) 'Where are the missing masses? The sociology of a few mundane artifacts', in W. Bijker and J. Law (eds), *Shaping Technology/Building Society: Studies in Sociotechnical Change*, Cambridge, Mass.: MIT Press.

Leatherbarrow, D. and Mostafavi, M. (1993) *On Weathering: The Life of Buildings in Time*, Cambridge, Mass.: MIT Press.

Martin, R. (2005) *The Organizational Complex: Architecture, Media, and Corporate Space*, Cambridge, Mass.: MIT Press.

Shove, E. (2003) *Comfort, Cleanliness and Convenience: The Social Organization of Normality*, Oxford: Berg.

Tainter, J. A. (1988) *The Collapse of Complex Societies*, Cambridge: Cambridge University Press.

Vigarello, G. (1988) *Concepts of Cleanliness: Changing Attitudes in France since the Middle Ages*. Cambridge: Cambridge University Press.

Willis, C. (1995) *Form Follows Finance: Skyscrapers and Skylines in New York and Chicago*, New York: Princeton Architectural Press.

Worthington, J. (ed.) (2006) *Reinventing the Workplace*, Oxford and Burlington, Mass.: Architectural Press.

Wrangham, R. (2009) *Catching Fire: How Cooking Made Us Human*, New York: Basic Books.

可持续发展城市中的对战
荷兰和更远地区

维姆·哈夫卡姆

从 20 世纪 90 年代的科学、政策和知名文学作品中可以了解到：使用再生能源，没有水污染和空气污染的城市被称作"可持续发展城市"。物质流动可以沿着全球供应链，并遵循"从摇篮到摇篮"（cradle to cradle）的工业生态学规律；人们出行可选择步行、使用自行车或者共乘一辆小型汽车；人们的日常饮食尽量选择产自当地生产商或社区农园的有机食品。我们从城市规划、住房、交通到公共政策和教育这些专业领域，正逐步努力使上述理想变为现实。

一般情况下，关于可持续发展城市的实践、政策（socio-political dimensions of cities）及其理论都与环境方面的可持续发展息息相关。长远来看，中期规划和短期实施方案主要都是为了实现以下这些目标，即：使城市能够应对气候变化，实现水的可持续使用，建设公共绿化区域，实现优先步行和自行车系统，将"从摇篮到摇篮"原理应用到工业园中，通过强化公共交通来减少人们对私家车的依赖。以上所述，尚不能代表全部可持续发展城市的理论和实践，但却是"生态前沿"（EcoEdge）、"绿色城市"（Green Cities）这类会议的主要议题。经济和社会因素对上述理论的影响是公认的，在一个经济蓬勃发展、社会环境稳定的城市中，可持续发展就不再是难题。相反，在一个正经历着经济衰退、失业率高、贫困人口基数大等社会问题，居民缺乏安全感，或是由高迁移率导致综合性问题和宗教冲突的城市中，经济和社会因素是导致可持续发展难以实现的主要原因。

最近在荷兰，城市可持续发展的环境有所改变。由于城市政策的改革，政府决定给予存在种族、宗教问题（ethnic and neligious tension）的社区一定优先权。针对街道安全、犯罪、问题家庭、移民者的语言障碍、失学、公民参与、贫困和失业等问题，制定了一些政策。

在社会、经济以及环境等因素的影响下，为了实现城市的可持续发展必须寻求新的方法。然而，寻找这个方法的关键已不再是优化城市形态、建成环境或是公共区域，而是塑造城市中相关利益者间的相互作用关系，相关利益者包括：居民、教师、雇主、房地产公司、青年工人、警察以及政治家和部长。

转折点：极端事件的涌现

在 2002 年 5 月荷兰议会竞选的敏感时期，皮姆·富顿（Pim Fortuyn）议员被暗杀，此事件使 1 600 万国民为之震惊。这是自 1672 年迪·维特（De Witt）兄弟因政治冲突被处以绞刑后，第一次具有政治意图的谋杀事件。富顿自一年之前开始宣传自己的政治主张：停止移民、同化吸收不同种族和宗教信仰的民众、恢复安全并且排斥伊斯兰教。他以"皮姆·富顿党"（List Pim Fortuyn）的公众形象参与了竞选。由于富顿的个人魅力，其主张得到了大部分选民的认可。刺杀他的是一个动物权利保护者。当被问及刺杀原因时，他笑着说："富顿对国家构成了威胁。"在几周后的选举中，皮姆·富顿获得了 150 名国会成员中的 26 张选票，占总数的 1/6。就在葬礼的几周后，他所属的党派加入了新的联合政府。

两年后，2004 年 11 月，电影制作人西奥·梵高（Theo van Gogh）经历了比富顿更残忍的谋杀。梵高是一个成功的导演，并且是一个高调的口无遮拦的报纸专栏作家，经常出现在电视访谈节目中。他在专栏以及其他公开场合中，贬低他的反对者并与其对峙。他反对所有形式的原教旨主义（fundamentalism），特别是宗教原教旨主义，无论伊斯兰教还是基督教。然而，这并不是萨米尔（Samir A.）谋杀导演的真正原因。萨米尔这么做的真正原因是梵高拍摄的一部根据艾恩·哈尔什·阿里（Ayaan Hirshi Ali）的脚本改编的电影。艾恩·哈尔什·阿里是一个索马里移民者并且是议会保守党的成员。这部电影通过展现一个头戴面纱的裸体妇女的图片,谴责了《古兰经》中描述的对妇女的暴力行为。

两起谋杀引发了全国震惊,因为这违背了一个全国认同的核心价值观:宽容。荷兰人,无论是在"七省独立"(the seven provinces)时代、共和时代,或是现代议会民主和君主政体时代,始终以宽容为本。宽容总是他们应对天主教和新教、进步和保守、移民者和本土居民之间矛盾的积极态度。出于尊重和理解,宽容一直是处理教育、医疗和政治系统中矛盾的最基本方法。目前,宽容已被冷漠侵蚀,潜在冲突也已达到了爆发点。

荷兰人在许多个世纪前就已经关注土地利用问题了,他们以围海造田(poldering)成果为骄傲。谈到开垦荒地(land reclamation),就要谈及他们应对冲突和困难的方法:所有政党围坐在一起讨论问题,寻找有利的或是所有人都接受的解决方法。可持续发展的过程中,在环境方面成功的案例为数不多,且多数为围海造田方面取得的成果。例如:建于20世纪70年代的东斯尔德大坝(Oosterscheldedam),是一处河口的沿河防御工事中的第一座可渗水水坝;20世纪80年代至90年代,政府和工业部门协商后制定了成功的环境政策,在此之后,政府、房产公司和可持续建筑理事会之间的交流变得积极主动。然而,到了2002年,围海造田却变成了无休止的谈判。下一部分将论述事情是如何变成这样的。

不满和冲突:紧迫性探索

20世纪90年代末,荷兰充斥着民众的不满和各种社会冲突,很难究其根源。海湾战争以后周边区域经济繁荣增长,荷兰的经济增长数据超过了欧洲其他大多数国家。到20世纪90年代末失业率仅有3%,许多国家甚至相信经济的衰落已经得到缓解,看似振奋人心,但事实并非如此。在20世纪70年代末到80年代末这段时间,移民者的流动与融合问题逐渐显现,到90年代末,问题越发严重。在20世纪80年代和90年代早期,从世界各地(索马里、塞拉利昂、阿富汗、前南斯拉夫和其他一些国家)涌入难民,荷兰殖民地(苏里南和荷兰安的列斯群岛)的移民数量增加。

媒体、政治家、记者和舆论领袖不断呼吁终止移民及其优惠待遇，也有些人认为控制移民的人口素质能够解决这一问题。现实问题是移民数量的迅速增长和移民人口主要集中在低收入人群中，这是一个"我们"对抗"他们"的冲突。其他人声称只有像富顿那样的民粹主义（populist）政治家才有能力解决这个问题。海牙（Hague）的政治家不同于开明的媒体人士，他们没有生活在贫民区，选民理所当然地厌恶他们。无论如何解释，显而易见的是：我在本文第一部分所描述的可持续议程在城市的大多数地区不再受到欢迎。

议程之外的可持续发展

三十多年以来，环境问题一直是我们担心的主要问题。到2001年末，对环境问题的关注度明显降低。富顿在竞选中清楚地表明了气候变化是"一个虚构"（a confabulation）的问题。2002年议会选举组建的一个联合政府决定，取消必须提出关于环境和可持续发展议程的规定。事实上，这是自20世纪60年代以来首个没有环境部长的联合政府。无论在哪个政党议会上，环境问题一直很受重视，但如今"环境问题已经过时了"。现在占据主要议程的四个问题是：安全、移民、融合和宗教。下面对这四个问题逐一论述。

虽然关于轻微犯罪、暴力与毒品犯罪及有组织犯罪的数据没有增长，但安全问题（safety issues，Netherlands）仍是议程上最主要的问题。人们越来越重视安全问题，公众也越来越不满警方的表现，指责警方纵容年轻的犯罪团伙。同样，美国司法机关也遭到了抨击。公众将警方的不良表现归咎于政府的政策问题。由此，鹿特丹政府率先从社区层面上建立了一个可以了解、记录、更新及修正季度和年度报告的铁路安全指标系统。

移民问题成为主要问题是因为20世纪90年代移民数量的下降。到90年代末，保守党上台，移民数量受到了大幅抑制。新政府对移民条件限定得更加苛刻，例如，移民前需要学习荷兰语，并证明自己有稳定收入。

由于法律变得更加严格，所有移民必须证明他们能说流利的荷兰语。所有人都必须参加一门综合性的课程,学习荷兰文化和历史并通过考核。自由民主人民党(VVD,or People's Party for Freedom and Democracy)的移民一体化部长丽塔·韦德克(Rita Verdonk)没有沿用 2007 年制定的政策,而是制定了新的法律,并开展了政治运动"荷兰的骄傲(Proud of Netherlands,TON,Trots Op Nederland)"。鹿特丹法(the 'Rotterdam law')规定低收入定居者不可迁入鹿特丹移民百分比较高的地区。

西奥·梵高被谋杀和他与艾恩·哈尔什·阿里共同制作的电影,将伊斯兰教(Islam)的问题推上了日程。新清真寺的建设变得越来越有争议,尤其是因为这些清真寺的资金似乎来自国外的伊斯兰原教旨主义政治组织,而不是当地的穆斯林。韦德克在担任部长之后被国家罢免,因为艾恩·哈尔什·阿里在第一次以难民身份申请进入荷兰时说谎。另一个议会成员杰特·沃德思(Geert Wilders)迅速填补了这个空缺,像艾恩·哈尔什·阿里和韦德克一样,也成为自由民主人民党的成员。

早在 2010 年,每周民调显示有三分之一的选民支持民粹主义右翼运动(right-wing movements)。这个数据高于 2002 年大选的高峰期数据。这些政党都不是传统意义上的政党:他们没有成员和内阁,得到高支持率只是因为他们响应了可持续发展的传统主张。他们迫切需要寻求一个新的起点,继续宣传城市可持续发展的理念。他们必须重新考虑与所有的利益相关者的关系,并与其共同开展关于可持续发展问题的讨论。这意味着可持续发展很有潜力,在社会、经济和环境方面都具有重要意义。这就要求可持续发展议程比现有的可持续性计划包含更多的内容。在全球化的背景下,城市的概念将被重新定义。

解决方案和提出方法

关键的问题是构思出新的方法使可持续发展考虑到社会、经济和环境的因素。这个构思的关键不再是城市形态、建成环境或公共区域的质量问题,而是重新塑造相关利益者之间的关系:居民、教师、雇主、房地产公司、青年工人、警察、政治家和部长。

在本节中，我将讨论四个超出环境方面的城市更新项目的可持续性问题。虽然没有足够的篇幅来介绍每一个项目，但是会论述每一个项目方法的差异。

阿姆斯特丹的阿贾克斯足球场(*Ajax soccer grounds*)

房地产开发商、项目开发人员、房产经纪人、建筑公司和整个城市组成了新联盟，使居民积极参与到联盟中，这不仅具有社会价值，对改善环境面貌也有积极影响，例如雨水收集和植被的"蓝—绿带"(the blue-green ribbon)空间，同时也是绿色缓冲区；步行和骑自行车的人没有冲突；路外停车；加上与住宅区结合的供热机组来提供热能(为社区供热)和电力，大大提升了能源利用效率。提高住宅的保温性，不仅有利于能源利用，而且还能保证舒适度。该项目的住宅密度非常高，在6公顷土地上有超过600处住宅。通过架构有特色的街道和桥梁，营造强烈的识别性和认同感，突出阿姆斯特丹的足球历史(图4.1)。

图4.1
从足球场观看，右侧是一幢公寓建筑，该建筑内部的热电厂将为其邻里单元提供电力和热能
图片：Wim Hafkamp

交通动脉隧道工程(Traffic artery tunnel project),马斯特里赫特

从马斯特里赫特市穿过的国际高速公路设计于 20 世纪 50 年代,这条高速公路已经从当初的城市和地区交通要道变为可怕的噪声源。这条路将社区分割成两个独立的部分,当地居民不得不日夜忍受过度的噪声和严重的空气污染(特别是颗粒物和氮氧化物)(图 4.2)。

马斯特里赫特和荷兰国家公共工程服务部开展了联合行动,希望寻求一个解决方案,以满足三个方面的可持续发展。在经济方面,创建国家级付费交通系统,并通过投资推动社区经济和就业,促进城市的经济发展;在社会方面,恢复和加强社区的社会结构;在社区和环境方面,创造共享公共景观的环境系统。

联合行动中提倡进行三轮公开招标,与大多数公开招标(public tendering system)不同,不是出价最低的人赢得投标,而是出价最合理的人。例如,招标人对近 3 千米长隧道的建造成本进行估价,工会为设计、建造和运营隧道以及重新开发隧道周围的土地准备一笔投资。在这种情况下,在近 300 公顷的土地上大约将建设可容纳 1 100 人的住宅和 200 000 平方米的办公、商用建筑。这个区域大部分被列入环境保护区(针对污染和颗粒物),务必缓解污染问题并保护区域环境,该地区也拥有大量历史景观,需要通过该

图 4.2

A2 国际高速公路干道割裂了马斯特里赫特居民区的邻里单元

图片:Wim Hafkamp

23

建设计划进行保护。在竞标过程中，参与竞标的单位所提出的方案中，必须保证包括环境（空气、噪声、地下水水质等）、步行能力、骑行能力、交通安全性、交通流动性、公共空间质量以及城市设计和建筑设计的质量，并承诺他们将尽最大的努力满足各项标准。

公开招标分为三轮。第一轮，在 5 个单位分别展示设计草图和初步计划后，淘汰 2 个单位。第二轮，剩下的 3 个单位制订详细计划后进行公众咨询。最后一轮，招标人根据公众咨询的结果修改计划，并提交一个"具体"的投标方案。此后，外部陪审团评估并确定最接近目标的方案。公众咨询的进行不仅仅在第二轮末，而是贯穿了整个设计过程。此外，工会鼓励所有投标者征询公众意见，并寻找新的合作伙伴。因此，规划的流程和城市设计同样需要具有创造性和灵活性。

阿姆斯特丹迪波尔区（Dapperbuurt）的恢复

阿姆斯特丹的迪波尔区（the Dapperbuurt 'Brave Neighbour-hood'）始建于 20 世纪早期，最近才被改造为环境良好的经济适用住区，提供给低收入工人家庭。这些当初公认的建筑质量较好的住区曾是社会民主主义的骄傲，但在 100 多年后的今天，情况发生了变化。以当代标准来看这个设计，空间过于狭小，有太多的小房间。最初的住宅没有厕所或淋浴（这些都是在战后改造项目中安装的），不保暖且多户合用，因此舒适性十分有限。随着时间的推移，人口逐渐增长（出生人口和移民数量），家庭住宅的面积需要扩大，并需要不断维护。

通过社区修复，如今具有最高历史价值和建筑价值的部分被翻新，条件较差的部分则被拆除。住区呈现新旧混合的状态，但是不同的住宅类型可以满足不同租户几十年内的使用需求，并且采用集中供暖，保暖效果良好。在这一过程中，还将推进社区的公共空间设计，为孩子提供玩耍空间，为成年人提供休憩和阅读空间（jeu de boules）。现在不少公立学校、教堂和市政机构都被改造为文化中心、青年旅馆、电影院和餐馆，为小区带来新的经济和社会生活。这样的改造过程需要许多年，需要市政当局、房地产公司、学校、居民和当地店主和商人的共同努力（图 4.3）。

图 4.3

阿姆斯特丹的印度聚居

区,居民支持建筑遗产

的保护

图片:Wim Hafkamp

阿姆斯特丹迪波尔区的多元文化

20 世纪 80 至 90 年代,迪波尔区经历了与印度群岛附近的印地瑟区(Indische buurt,Indies Neighbourhood)类似的恢复过程。这个项目显示,物质干预手段在社区层面上并不能解决所有的社会问题(图 4.4)。劳动力市场参与率低,大约 60％的家庭没有工作收入。虽然吸毒与毒品交易转为暗地进行,但对社会的负面影响依然很大。随着多元文化的出现,社会平衡变得非常脆弱。在 20 世纪末,拥有大量混合人口的社区仍然趋于贫困,收入较高的居民早已搬离,只剩下没有经济能力的居民。

结论

近一半的荷兰人是具有非欧洲背景的第一或第二代移民,他们大多生活在存在经济和社会问题的社区,所以我们需要从社会和经济层面来考虑城市的可持续发展问题并采取行动。现有的环保方法对于可持续发展来说是不够的,要求居民使用节能灯泡和双冲式节水马桶并不见效。

图 4.4

邻里改造并不是化解多元文化社会中存在的一切冲突的万能灵药

图片：Wim Hafkamp

考虑到上述情况，成功的可持续发展规划原则如下：

（1）起草计划时要考虑到社区中所有居民和利益相关者的需求；

（2）力图解决过程中的所有问题并形成新的联盟；

（3）综合考虑能源、气候和空气污染以及安全、教育、工作和收入等所有议程；

（4）积极面对设计方面的挑战，解决问题，而不是回避问题；

（5）考虑当地文脉、历史背景和人文要素。

应对人口增长和气候变化问题的城市转型

罗伯·亚当斯

如今我们置身于城市革命的洪流中,在 1900 年全球城市人口有 2 亿人,占世界人口总数的 10%,而今城市人口增长到 35 亿,占世界人口的 50%。预计到 2050 年,城市人口将达到 64 亿,占世界人口的 70% 以上(Brugmann,2009)。在澳大利亚,已经有超过 80% 的人口居住在城市,预计主要城市的规模将在 40 年后扩大两倍。在全球金融危机的限制下,用仅仅 40 年时间完成相当于过去 175 年的建设量是当今建筑行业的挑战。因此,2009 年,拥有 400 万人口的墨尔本,在房屋建设量下降 3% 的同时住房需求却增加了 40%。

除了内部因素,城市也受外部因素影响,例如,由于英国的工业革命,城市环境变得相当恶劣,超过 75% 的温室气体排放(greenhouse gas emissions)直接或间接地来自于城市。虽然工业城市的建设引发城市空气污染、影响健康、景观缺失以及各种社会问题,但温室效应却并非是由城市工业直接引起的。我们这一代所面临的挑战不仅是用 40 年的时间完成过去需要 175 年才形成的城市规模,还应提升社会包容性,将我们现有的城市转变为低碳城市。

本文描述了澳大利亚的墨尔本是如何实现这种转变的,通过全面的研究,介绍了一种针对城市扩张与整合的方法。例如,墨尔本实施了一项名为"早起者"(early bird)的免费公共交通服务,它是中心城市为增加人口和住房密度而实施的社区运动计划,这些地区通常毗邻现有铁路和道路等公共交通基础设施。

新的方法

阿尔伯特·爱因斯坦(引自 Harris,1995)说,"我们不能用产生问题的思维方式来解决问题了。"现在正是转变思维的好时机。在细分土地和发展城市边缘上,澳大利亚的传统做法只会加剧我们所面临的现存问题。在城市边缘建立新社区,这使当地家庭远离了他们的就业地点以及其他基本服务设施,这将引发一系列的财政和社会问题。在 2006 年和 2008 年道森和斯普(Dodson and Sipe 2006;2008)实施了一项针对澳大利亚首都堪培拉的"吸血鬼研究"(vampire studies),该研究表明,旅游和抵押贷款将造成城市贫困,这一现象使得城市人口从边缘区迅速向城市中心集中。

以当前的形式继续进行城市环境和基础设施的建设,无疑会使成本变得更高。楚卡托等人(Trubka et al.,2008)指出,在澳大利亚的 6 个省会城市的边缘建设 1 000 栋房子,比在一般地区建设要多耗资 3 亿澳元。墨尔本计划在 2025 年前新建 60 万座新房屋,以容纳额外的数百万居民。因此,将一半数量的房屋建设在城市边缘,比将全部房屋建在现有城市的花费多出 1 000 亿澳元。我们面临的挑战不是建设更多的城区,而是在现有的基础设施上改造城市以实现更高的效率。

20 世纪 60 年代婴儿潮时代出生的人到了上大学的年龄,这对大学基础设施造成的压力是难以承受的,我们应对此进行反思。大学为了容纳难以预期的入学人数而进入了高速发展期。目前对于这种问题的处理方法通常是迅速开始大量建设,例如在相应位置建立许多新的大学,我在开普敦读的大学就是其中一个例子。

开普敦大学坐落在一座平顶山旁,周围被国家公园和已建设的城市用地包围。在由赫伯特·贝克(Herbert Baker)制定的总体规划范围内,除了少数未开发地点和地面停车场以外,校园用地已经被占满了。大学校园被迫寻找扩张以外的出路。开普敦大学校园规划研究表明,与修建全新的校园相比,利用现有基础设施建设校园仅需 25% 的时间。

2004 年我回到了开普敦,并且惊喜地发现,自 1972 年我离开大学以来，虽然学生数量已增加了两倍，但校园还是曾经的校园。曾经空置的土地被用于建设建筑和地面停车场，这种做法为安静而又乏味的校园用地增加了密度与活力，早期的规划形式和布局得到完善和补充。在 2050 年，澳大利亚使用的城市基础设施中的70％，仍有可能是 2010 年之前所建立的。因此，就像 20 世纪 60 年代开普敦大学所做的那样，我们需要一个具有远见的规划方案。

如果我们根据现有的基础设施(existing infrastructure)采取整合和转型(city transformations)策略，那么我们能不能始终保持城市的归属感和新鲜感，从而创造出一个充满活力的新城市来适应人口的迅速增长？这样的转型更加合理，而且能更好地利用我们现有的建筑物、道路、铁路、公园、水道、能源、通信和物流分布系统。我们需要做的是用开明的方式看待问题。当然，如果我们仍以一种 20 世纪的传统方式了解、开发和使用基础设施，那么注定要一直面对我们当前面临的问题。

转型的可能性(The potential for transformation)

每天我们都在目睹传统系统的失败、缺陷和弱点。它已不再是一个单纯的关于经济生产的争论，更体现在城市容量上——我们城市的容量是否能够承受未来人口扩张、气候变化和经营模式落后所带来的压力？令人欣慰的是，我们已经找到了具体的转型策略，用于走出当前的困境。目前，维多利亚州运输部(Victorian Department of Transport)就有一个成功的案例。为解决公共交通系统使用的快速增长(超过五年增长速度为 60％)和高峰时间道路拥堵的问题，交通部在 2008 年 3 月颁布新政策，引入了"早起者"计划，这个计划为早上 7 点前乘车的乘客提供免费交通。如今"早起者"计划每天在高峰时段来临之前能运送 2 600 名乘客，而以前这个时段的公交车几乎空空如也。"早起者"计划的运行效益相当于运营五条新线路带来的效益。这项计划通过减少票价和运营成本，为政府节省的资金高达 8 500 万澳元(Sexton,2009)。

考虑到这一点，墨尔本市决定测试其资本容量。这样做不仅是为承载不断增长的人口，而且是为通过这种方式，在未来获得更好的可持续发展前景。罗伯·亚当斯联合盖尔建筑师事务所(Gehl Architects，2007)对欧盟(European union)过去的经验及墨尔本过去 20 年以来的案例进行了研究，阐述了 12 个城市在 20 世纪 80 年代左右解决城市发展问题的经验。例如，在第二次世界大战之后，格拉斯哥(Glasgow)实施了将市民从城市中心区向城市外围迁移的战略(relocation strategies)。

到了 20 世纪 70 年代，这一战略导致了越来越严重的社会隔离现象并造成社区意识的逐渐消亡。在 20 世纪 80 年代，战略发生了转变，城市更倾向于人口集中而非人口分散。在同一时期，其他欧洲城市采用了一系列不同的战略。例如，波尔多(Bordeaux)致力于打造一片高水准的公共领域——没有架空电线的电车网络、优质的公共空间和建筑，这些举措有助于提升市民的公众信心和城市自豪感。毕尔巴鄂市(Bilbao)建设了公共交通网络和古根海姆博物馆(Guggenheim Museum)，而哥本哈根市通过为市民创造有品质的公共场所，以及可以承担 1/3 以上城市人口运载量的高质量自行车系统来满足市民日常工作的需求。

2009 年经济学资料库的生活质量排名报告显示，在墨尔本持续了 25 年的举措见证了一个垂死城市向世界宜居城市转变的过程。其中最成功的项目之一就是创建了一个新的城市中心居住区。继兴建商业办公楼的热潮之后，楼市在 20 世纪 80 年代末崩溃了，只留下许多无人续租的旧建筑。通过一系列的财务、监管、领导和宣传机制，墨尔本市在短短八年间吸引了超过一万名市民到新市中心住宅区定居，而其中的很多建筑都是由商业和写字楼改建的。增加城市密度、促进混合使用、增加连通性、保持地方特色以及维持高品质的公共空间等等举措，复兴了一个日渐衰败的城市中心。墨尔本市利用了现有的基础设施实现转型，这个例子告诉我们，新建建筑并不是扩大城市容量的唯一选择。

《澳大利亚城市转型》(*Transforming Australian Cities*，Adams，2009)中研究了现有城市容量扩大一倍的相关问题。它试图确定在工业革命之后，花园城市理论和现代主义(modernism)理论对城市经济、社会和环境变革潜力的影响。花园城市运动(Garden City movement)给我们带来了这样一种梦想，那就是我们可以在农村生活,在城市工作,但现代主义促使我们放弃了这种本土化的解决方案,并且趋向于高技派(例如空调)所支持的国际化解决方案,而这种高科技对设计本身的地方特色有所排斥。但工业城市以及汽车的过量使用掩盖了这种倾向,人们都知道导致城市目前这种状态的根本原因就是低密度和无限制的扩张,而另一个原因是不同的活动分割了我们的城市,机动车主宰了我们的公共空间并且使公共交通边缘化。

这并不是说在林荫郊区拥有一栋独立房子的澳洲梦是不现实的。梦是重要的,但最终要以可持续的方式来实现,否则它们会导致经济、社会和环境的失调。我们有能力实现澳洲梦并使其成为全球后工业城市的典范吗?为了拥有这个梦想,我们需要真正地了解当前的城市问题以及可能达到的城市状态,然后制定转型战略,以维持我们想要达到的生活品质。

战略性的住宅集约化

在探索转型的过程中,我们所面临的挑战是制定成功的战略目标,在基础设施现状较好的地区实现住宅集约化(residential intensification),可以直接满足不断增长的人口的实际需求,同时可以提高城市的宜居性和可持续性。在墨尔本的都市区域,为了鼓励实施住宅集约化,根据城市设计实践的优秀案例,我们预测了三类关键发展区域未来可以容纳的人口数量。

被选中调查的三类地区分别为:

(1)活动中心(activity centres),例如火车站周边地区;

(2)城市走廊(urban corridors),指沿着道路建设的公共交通基础设施;

(3)面积较大的高产值郊区。

这些地区邻近现有公共交通基础设施,在未来的十年里,这里将成为最令人向往的城市发展新区。预计到2050年,关键道路沿线的公交走廊将发展成为连接所有指定活动中心的中层高密度的走廊,为城市建立从周边的"生产性郊区"(productive suburbs)到高品质公交设施的可达性(图5.1)。这些走廊的开发将缓解郊区压力,与其相连的郊区就可以发展成为都市区域新的"绿肺"(green lungs)。

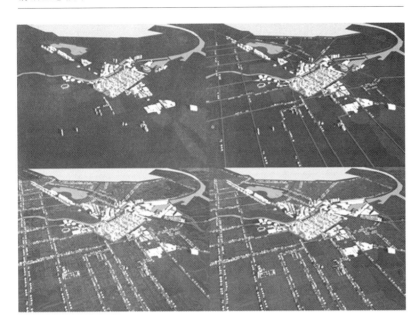

图 5.1

绿色 AXO 地图

来源：City of Melbourne

　　城市走廊这种集约化的方法可以为城市挖掘出多少发展潜力，是研究任务的关键。为了方便研究，我们从国内外优秀设计实践经验中总结出一套城市设计原则。根据这些原则，在 GIS（地理信息系统）模型的基础上，计算横跨墨尔本都市区交通走廊潜在人口的参数。这种先进的城市设计方法融入了几何学，可以将评价城市空间质量的指标量化，并应用到物质空间中去测试墨尔本市实现根本性转变的能力，同时确定电车和公交走廊沿线未来的发展潜力（图 5.2）。

　　第一步：识别地籍图中的地块；

　　第二步：典型的建筑区域包括：中央商务区，南岸（Southbank），码头区（Docklands）和圣基尔达路（St Kilda Rd）；

　　第三步：在电车轨道和主要公交路线旁选择地块；

　　第四步：利用 GIS 移除公园区域；

　　第五步：利用 GIS 移除公共用地和工业用地；

　　第六步：利用 GIS 移除道路后方没有出口的场地；

　　第七步：利用 GIS 移除近期开发或规划中的场地；

　　第八步：利用 GIS 移除登记在册的文物保护建筑；

　　第九步：利用 GIS 移除建筑遗迹覆盖范围内 50% 的场地；

　　第十步：利用 GIS 移除建筑前宽度小于 6 米的场地。

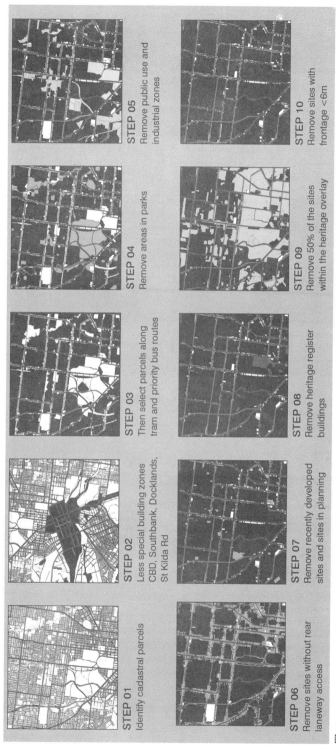

图 5.2
一系列假设
来源：City of Melbourne

通过排除法，在有轨电车网络沿线增加 12 439 处网点，在快速巴士线路周边设立 22 038 处网点，这意味着其周边 1 418 公顷和5 275 公顷的土地具有发展潜力。这些地块上合理的人口密度是每公顷 180～450 人，相当于 3～8 层楼的开发强度。保守估计，墨尔本的低密度城市走廊开发区开发强度按 3～4 层计算，可容纳的人口数可净增加 1 003 950 人。如果像巴塞罗那那样增加开发强度，强度可达到 7 层，那么净人口增长则可以达到 2 457 310 人。将活动中心与都市区未开发区域的发展潜力结合起来看，无须进一步分割和出售城市周边土地，只需利用 7.5% 的都市区土地就可以容纳 800 万人口，人口数量较过去增加了一倍。

可视的住宅集约化

除了对墨尔本的住宅集约化发展潜力进行量化分析，我们也创造了一系列富有艺术感的街道形象，以便从视觉方面探索特定区位的城市走廊发展状况。图 5.3 说明了城市设计的原则，并明确强调了住宅集约化并不一定等同于提高建筑高度。

转变公众的认知

获得公众的认可是实现城市规模与城市价值转换的先决条件。2009 年在澳大利亚各地已经有许多类似的开发项目，这些项目都支持了这个观点。如果进行改造的土地面积超过都市区总面积的 7.5%，那么 90% 的城市将免受发展压力，这个认知非常重要。由于过去五十年的开发实践不尽如人意，引发了民众的担忧，因此向社区居民保证未来的发展将有一个更高的起点，并且低密度的郊区不会进行高强度的住宅(high-density housing)开发是十分重要的。在墨尔本进行的实践前景良好，如果将这一前景进行明确的阐述并使市民产生直观的感受，就可能消除社会恐惧。

实现这一目标还需要什么？

无数"优秀的"战略和方法却从未在实践中获得成功。理想和现实之间的差距通常在于复杂的实施环节。规划方案(planning

Maribyrnong Road, Maribyrnong study area, currently

图 5.3

玛丽拜尔荣路：改造前
和改造后

玛丽拜尔荣研究区现状
（上图）

玛丽拜尔荣未来可能达
到的效果（下图）

来源：City of Melbourne

Possible future

schemes）已经沦为用来搪塞社区质疑的复杂文件，而不是实施经过深思熟虑的发展战略的有力工具。鉴于过去规划方案的缺点，社区民众理所当然地对规划目标有所怀疑，并希望在复杂的规划方案中争取保障。然而，现在这些规划如此烦琐，当地州政府（state government）一直致力于简化流程来加速新型住房的建设以满足社会需求。这种由开发商主导的方式（developer-led approach）反而让社区产生更大的焦虑，是一种"摘樱桃"的开发模式，即最好的地块被过度开发，从而威胁到相邻地块未来的开发潜力。通常情况下，过度烦琐的规划方案导致的结果是一种恶性循环。

随着澳大利亚人口的迅速增长，简化城市规划方案体系势在必行，只有这样我们才能预先确定出关键地区的发展方案，比如毗邻现有基础设施容量较大（如运输线路）的地区，可进行密度较高的开发，而一些较为稳定的、有历史保护需求或是地域特色明显的地区（如澳大利亚郊区），不适合过高密度的开发。这样因地制宜的方式，能够满足更详细的开发原则和每个区域的需求。

这样的规划流程能够使我们摆脱那种用不同色块来划分城市

35

区域的常规方法,常规方法虽然简化了城市体验,却不利于理解城市土地混合使用(mixed use approach to cities)的重要性。通过满足重要发展地区的指标,如支付能力、高环境质量标准、交叉口与邻近街道的质量等,我们能够为城市的不断转型寻求高品质的规划方案,最终适应人口的增长。

事实证明,好的规划成果往往在项目开发了很长时间后才开始显现。当64个行政区出现公寓比独栋别墅销量更好的情况时,墨尔本开始在优势地段建设高密度住宅。证据显示,提倡公共交通能降低私人小汽车持有量,进而提高路网的利用效率并且减少碳排放。

为应对气候变化和快速城市化的双重压力,我们需要使城市更加紧凑,以提高现有基础设施的利用率。正如本文谈到的,我们的城市通过低层高密度的开发方式,能够在不到现有面积十分之一的土地上容纳相同的人口,同时保护和提升这些城市郊区的品质,提高它们在能源、水资源和种植方面的生产力。城市可以保留一种亲切感,我们渴望生活在建筑密度较高,并且拥有更好服务设施的综合住区。易受极端自然气候损害的大型独立设施将被淘汰,未来城市需要建设和使用新型分散式能源和水循环等基础设施。这样我们可以在一种更加可持续化的城市形态下,重塑社区感,即随着城市的蔓延而逐渐消失的富饶农场和乡村带来的感觉。

历史告诉我们,如果不限制城市扩张或人口膨胀,最终会导致整个系统的崩溃。预计到2050年,城市人口将达到65亿,占世界人口的70%,城市必须对全球80%的温室气体排放量负有直接或间接的责任——现在城市转型迫在眉睫,我们急需创造一种宜居、经济并且可持续发展的新型城市。

参考文献

Adams, R. (2009) *Transforming Australian Cities: For a More Financially Viable and Sustainable Future*, Melbourne: City of Melbourne.

Brugmann, J. (2009) *Welcome to the Urban Revolution: How Cities Are Changing the World*, Brisbane: University of Queensland Press.

Dodson, J. and Sipe, G. (2006) 'Shocking the suburbs: Urban location, housing debt and oil vulnerability in the Australian city', Urban Research Program, Research Paper 8, Griffith University, Brisbane.

Dodson, J. and Sipe, G. (2008) 'Unsettling Suburbia: The new landscape of oil and mortgage vulnerability in Australian cities', Urban Research Program, Research Paper 17, Griffith University, Brisbane.

Gehl Architects (2007) *'Baukultur' as an Impulse for Growth: Good Examples for European Cities*, Berlin: Federal Ministry of Transport, Building and Urban Affairs.

Harris, K. (1995) *Collected Quotes from Albert Einstein*. Online. http://rescomp. stanford. edu/~cheshire/EinsteinQuotes. html (accessed 18 November 2009).

Sexton, R. (2009)'Sleepy commuters doing bit to save state $ 85 m', *Age*, 27 September.

Trubka, R. , Newman, P. and Bilsborough, D. (2008) *Assessing the Costs of Alternative Development Paths of Australian Cities*, Perth: Curtin University and Parsons Brinckerhoff.

为了生存的可持续发展
使英国超越零碳议程

约翰·沃辛顿

引言

　　20 世纪初，城市生活充满矛盾，其中不可忽视的是建设可持续城市所面对的挑战。一个生机勃勃、充满活力的成功城市是源于其功能复合性、可达性以及多样性的。我们喜欢的空间往往是"宽松舒适的"（loose fit）"并不完美的"（sub-optimal）"有改善余地的"。但是由于可使用的稀缺资源不断减少，往往与我们所追求这些目标相悖。比如，在处理未来气候变化带来的影响时，"规划一个可持续发展的城市"与"最大限度地减少能源消耗"之间是有联系的，但二者实施过程有时会有矛盾。过于追求零碳排放，会产生紧密耦合的解决方案，但随之而来的是适应性的减弱所产生额外的边际效益（marginal additional benefits），也可能与个人所期望的生活方式发生冲突。

　　为了消除风险和促进问责制（accountability），一种基于清单检查（checklists）和指标控制（performance indicators）的管理方式出现了，这种方式倾向于将规划过程商品化，同时降低地方适应性问题的敏感度。矛盾之处在于，规避风险（zero risk）本身就存在巨大的风险，这样很可能在发展的过程中抑制了创新的机会，导致我们丧失一些可持续发展的宝贵经验。对于我们的城市来说，最关键的问题是如何重新定义城市、社区和场所，并且找到一种能够平衡这些冲突的新途径。

英国政府应对气候变化出台了大量的法规和措施,但是这些法规和措施常常是针对城市发展的通病而出台的,缺乏地方针对性。即便如此,在英国目前仍然有很多值得称赞的实践项目。本文主要介绍了伦敦及其东南部的实践经验,这些经验为今后即将出台的政策以及设计方案指明了方向。

总之,一个可持续的城市应该是这样一些特性的集合:复合的政府管理系统、更加灵活的基础设施和思维方式、简单的建筑以及混合功能的应用。

为一个充满矛盾的世界做设计

变化不是一个新现象。变化的节奏可以一直追溯到持续1 000多年的农业经济时期,到工业经济时期(持续 200 年),再到以服务、资产、基础设施和机构作为产品的服务经济时期(持续 80 年),直到政府官员支持的知识经济时期。这种变化的过程建立在思考、探索和实践的基础上,而他们获得的财富就是所构建的知识网络。可以肯定的是,我们生活在一个不确定因素越来越多的世界中,在这里变化才是主题。

变化既可能是渐进的,也可能是突变的(seismic change)。循序渐进的变化(incremental change)会导致观念的转变;而一件未能预见的事件常常会使行为和组织结构产生突变。上一次经济动荡发生在 20 世纪 90 年代初的经济衰退时期,这不仅仅是经济周期中的一段低迷时期,更是一次办公服务经济的结构重组。那么,究竟当前的经济衰退只是暂时的,经济仍将恢复原态,还是标志着一种价值观的重大转变,或是意味着金融和房地产投资部门的结构调整?

在欧洲,节礼日(Boxing Day)的海啸以及紧随其后的卡特里娜飓风(Hurricane Katrina)引发了大规模公众意识的转变,使我们认识到人类在自然的力量面前是如此脆弱,也使我们认识到应对气候变化负责。针对信贷危机、气候变化以及能源供应问题,不同的议程可能会相互影响,从而产生出一组新的价值观并且改变舆论的导向(Jupiter et al.,2008)。

目前,信息和通信技术已经普及,但在 25 年前刚刚兴起的时候,却改变了我们工作(work practices, changes in)的方式(Worthington,2006),如工作方式、时间、地点以及一系列生活方式,更对城市形态产生了后续的影响(van den Dobbelsteen, et al.,2009)。对于城市设计者和政策制定者来说,这些变化使他们不得不承认,用精确的"蓝图"(blueprints)控制未来是不现实的,我们所需要的只是一些限定条件,通过这样的方式,创新和改变才可以发生。我们正从一个只有对与错、一切问题的答案都是二选一的二元世界,上升到一个同时包含事物两面性的矛盾领域。我们所面临的多数问题都可以看作是在相互矛盾的欲望中寻找平衡的过程。一个理想的世界是安全与可达共存、私人空间和公共场所共存、紧凑和分散共存、独立和集体共存……其中所包含的矛盾远不止这些。

什么是零碳议程

应对气候变化和可持续发展是大多数政府议程中的主要议题,这两个议题有着相似的内涵。优化节能设计以及合理利用空间可以减少碳排放,但以长远眼光来看,可能会损害未来用户需要的灵活性和灵敏性。我们面临的挑战是如何平衡气候变化与社会经济需求之间的关系,以实现长期全面的可持续发展(long-term holistic sustainability)。

在安迪·范·登·大波斯提(Andy van den Dobbelsteen,2004)关于可持续办公建筑的博士论文中,他展示了通过结合组织、空间、管理和技术等因素,节能减排可以为我们带来巨大的收益。具体来说这些因素包括:重新组织结构;充分利用双尺度空间(城市尺度和建筑尺度);重新选择建筑的进深、结构和高度;有计划地安排时间和空间;重视能源使用和服务支持。这些因素的实现需要时间,而反过来,它们又将服务于我们的生活。然而,他发现在实现可持续办公建筑的过程中,同时还应该有一个改变期望、观念和行为的计划。

英国目前有大量法规和措施,但是其中有许多重叠和冲突的部分,缺乏整体性。建筑可信度(Usable Buildings Trust)部门的比尔·博达斯(Bill Bordass)博士认为英国政府能源政策的主要驱动因素(energy policy,key drivers)包括以下几点:

(1)减少温室气体排放——英国现有排放量占全球总量的3%,历史累计达到15%;

(2)提高能源安全性——北海石油和天然气泄漏事件,同时世界能源供应存在着潜在的政治不稳定性;

(3)更新老化电网——为了应对核能和煤炭设备即将达到的使用年限,减少碳排量的需求,并保证当地能源供给以及解决经费受限的情况;

(4)保持英国经济竞争力的同时减少能源消耗;

(5)保证能源价格在可负担范围内浮动的同时,避免潜在的"燃料匮乏"(fuel poverty);

(6)在资金有限的情况下取得实质性的进展。

为了在非国营的建设和房地产行业中满足这项涵盖广泛的零碳议程,政府不同部门共同颁布并执行了大量的规划法规和措施。

博达斯主张利用简明清晰的方式,寻求一种能够平衡监管、纠正行为和增强意识的方法。他提出应用乘数效应(multiplier effect),从提高个人认识开始,实现降低碳排放量的目标,具体方法如下:

(1)精益(lean)——通过审查、止损、节约的方式使能源需求减半;

(2)平均(mean)——通过更新设备提高工作效率,优化工作系统并避免损失;

(3)绿色(green)——通过现场与场外措施使碳供给减半。

使用上述方法,碳排放量将降低至原来的1/8。

可持续发展目标在实施过程中被描述为一些彼此无关的目标和成果,这种分散破碎的表达方式造成了一种僵化强硬的心态,而不是可持续发展的核心思想——整体思考。短期目标通常被优先考虑,而创新和长期的改善则被推后。"绿色"如今成了一句有效的营销口号。富尔斯特和麦卡利斯特(Fuerst and McAllister,

2008)关于投资回报率的研究报告已经表明,获得 LEED(Leader-ship in Energy and Environmental Design)认证以及采用 BREE-AM(Building Research Establishment Environmental Assessment Method)标准的优秀的办公楼,其商业价值上升了 5%。

未来的挑战

越来越多的英国活动家、政府委员会和预测性机构(如可持续发展委员会,政府的可持续发展独立监管机构)认识到,他们所面临的挑战(challenge ahead)是整理现存的问题,并提出系统性的解决方案以促使变革不断进步。建筑与建成环境委员会(CABE,Commission for Architecture and the Built Environment)提出了可持续发展城市的五个关键属性(Sustainable Cities,Attributes of,Brown,2009):

(1)渴望改变;

(2)高瞻远瞩的领导人;

(3)突破行政区划进行工作;

(4)控制土地和资产自由;

(5)关注终身价值。

这些解决方案跨越了部门的界线,指出整合经济和环境议程的必要性,并强调社区的所有权。大家认识到,必须改变人们的行为模式,城镇与城市才能针对气候变化采取有效措施。

我们需要一个动态的系统方法(dynamic systems approach)应对气候变化。一个问题的解决方案可能触及系统中其他部分,而产生不可预知的问题。在过去的实践经验以及政府部门相互协作的基础上,建筑与建成环境委员会提出了四个建议:

(1)关注邻里单元的规模、地方特色和实施计划。

(2)合理使用中央和地方政府的权力,使政府可以适应所有者、使用者、采购者和建筑管理者的不同身份。作为政府采购的代理机构,政府商务办公室(OGC,the Office of Government Commerce)与审计署共同提出了关于最佳实践的优秀建议。设计策略顾问公司 DEGW 和 OGC(2008)通过一个案例说明了政府部门如何通过改变工作方式和空间需求,成功减少了财政支出、提高工作绩效并降低了能源消耗。

(3)促进跨部门合作,通过整体思考产生相互协调的规划(integrated planning)。在 CABE 正进行的工作中,他们主张制定一个全面的总体城市设计,实现农村和城市发展的可持续技术目标,即"重新定义城市区域功能的集体创造性过程,这个过程是指通过讨论,使城市地区的定位和变革计划达成共识,通过建立相关的跨界行动框架促进并指导集体决策"(CABE 和 URI,2004)。

(4)通过建立一个可持续发展城市的网站,作为资源共享平台,使用者可通过平台分享经验,也可以为其他人提出针对性的对策。该网站(*www. sustainablecities. org. uk*)的内容围绕着 7 个空间尺度展开,覆盖领域从独栋建筑到整个区域,关系到能源、废物、水、交通、绿色基础设施和公共空间六个关键主题。2008 年,CABE 于伯明翰举办气候变化节的成功,使一些城市开始关注可持续发展的城市项目。未来城市可持续发展技术论坛发布了一个权威的测试标准,该标准针对英国最大的 20 个城市的 17 个特性进行监控,并将其分为环境影响、生活质量和未来适用性三方面。

剑桥及其下属区域

剑桥区正在寻找一个实现经济、社会和环境协调发展的有效途径,但却面临着许多困境。剑桥大学拥有世界一流的教学实力,也是促进剑桥地区繁荣的催化剂和发展动力。剑桥及其腹地是欧洲最大的高科技产业聚集中心之一。目前该地区共有 1 400 个高科技公司(high-tech companies),48 000 名员工,并吸引了英国风险投资总量的 18%(*www. gcp. uk. net*)。城市及其下属区域所面临的问题是如何预留出可供企业继续发展的空间,使住房价格维持在合理的水平,且不会破坏日渐良好的城市环境。

10 年前这一困境被大学和城市委员会正式提出,彼得·卡罗琳(Peter Carolin)教授(之后任建筑学院的负责人)领导了许多具有远见的人共同成立了"剑桥未来"(Cambridge Futures,2008)。该组织得到了来自学术界、地方政府、企业和当地从业者的支持,并成为广受欢迎的开放式领导小组。"剑桥未来"是政府部门规划工作以外的研究组织,能够提出一些潜在的具有争议的问题和建议。为建设从增量规划到保持自身可持续性的新城镇,该组织研究了七种解决途径。其中,稠密化、卫星村庄链和"虚拟高速公路"等为中级选择(图 6.1)。

扩张策略(expansion strategies)从经济效益(economic efficiency)、社会公平(social equity)和环境质量(environmental quality)三个方面进行了比较。这些方案通过展览板向公众展现出来,并用动画视频使不同空间的成果可视化。展览期间进行的一项调查显示:

(1)86%的受访者认为,相对于建设小汽车车行道,公共交通值得更多的投资;

(2)81%的受访者认为,如果只有富人住得起剑桥的房子,那将是一件很糟糕的事;

图 6.1
历史悠久的剑桥大学在规划的核心位置提供停车换乘的通道,以此来强化领域感:向西北方向通向校园,向南到达阿登布鲁克医院和医学研究公园,向东通往机场,向北到达剑桥科学公园和切斯特顿站
来源:UK Crown

(3)78％的受访者认为,必须允许该地区的高科技行业发展。

值得注意的是,只有 18％ 的人认为剑桥及其周围环境应该保持不变。DEGW(2001)针对剑桥市议会向东扩张的议题进行了一项研究,提出的策略是通过在城市外围发展"泊车—换乘"式的节点网络,实现公共汽车路线的引导。

针对该地区提出了一系列有良好联系的、自我约束的社区规划(图 6.2)。为了保证该地区良好的城市建设质量(Cambridgeshire Quality Charter),地区规划有如下目标:

(1)建立社区意识;

(2)开发可以从高连通性中受益的新发展项目;

(3)应对气候变化;

(4)营造有个性的场所。

制定新的章程是简单而直接的办法。各方人员纷纷参与到该章程的编制之中,最终成果也得到了地方当局、法定机构、公益团体、土地所有者和私营开发商的认可(*www.cambridgeshirehorizons.co.uk/quality* and *www.urbed.co.uk*)。通过与民众进行的访问、讨论和交流,章程的可行性已被高度认可。尽管该章程将会受到基础设施预算缩减的持续考验,但编制与执行部门承诺,将在

图 6.2

剑桥郡下属区域扩张战略,图为在北斯托和凯姆伯尔计划建设的交通网络、绿色电网和新社区

不损害质量的前提下，努力实现公平的有关环境方面的可持续增长（sustainable growth）。为了响应这种平衡，"剑桥保护协会"（Cambridge Preservation Society）已被重组为"剑桥的过去、现在与未来"（Cambridge Past Present and Future）。

泰晤士河口流域绿地

泰晤士河口流域（Thames Gateway）沿着各个方向从伦敦的中心向入海口绵延。这个 30 千米宽、60 千米长、占地 8 万公顷（其中 3 万公顷是棕地）的区域拥有 160 万人口，共 70 万户。在面积和人口方面，这里已经达到了许多欧洲大都市的规模，但仍然被许多人视为"伦敦的后院"。

新工党（New Labour）倡导将这片区域作为重点发展对象，以期到 2016 年可以容纳 12 万家庭并提供 180 万个就业机会（Farrell，2008）。反对者的理由是：这个区域被判定为洪泛区，区域内公共交通服务差，人口教育水平和职业技能都很低。但支持者认为：随着连接欧洲大陆高铁的建成和伦敦码头区的发展，为 2012 年奥运会所做的第二波投资，以及围绕独特的景观和文化遗产的发展机会都应该集中在东侧。

该项目已开展十余年，无数的团体组织参与其中，却没有强大的中央领导机构，并且房屋交付计划已经因银行业的危机而停滞。随着住房和社区机构（Housing and Communities Agency，英伙伴关系和住房公司的联合机构，与当地再生交付体联系紧密）的形成，简化决策过程和减少机构数量这一措施的潜力已经显现出来。

特里·法雷尔（Terry Farrell）是该区域的设计冠军，他为泰晤士河口区进行了绿地构想（Thames Gateway Parklands Vision），并树立了一面明确且鼓舞人心的旗帜，即"一个构想——一千个工程"（One vision—A thousand projects）（*www. communities. gov. uk/thamesgateway*）。法雷尔的构想是建立一种连续空间，这种空间由以城市景观为主的"棕色景观"（brown landscape）、以水景为主的"蓝色景观"（blue landscape）、以作物种植为主的"绿色景观"（green landscape）以及在一个社区绿地内的用于学习和娱乐的特色空间构成。这个绿地构想将创造出具有一致性和表现性的视觉景观。基于南埃塞克斯郡(景观设计协会,Landscape Design Associates)、伦敦(大伦敦设计,Design for London)和肯特提出的绿色网格提案,并融入多种交通组织方案,这个构想最终成为宏大战略规划的框架(图 6.3)。

梅德韦城镇(Medway towns),除了历史悠久这个名头之外,其实是一个正在衰败的地区。可持续发展研究所(IfS),一个由研究机构、私人投资机构、专业机构和政府部门组成的财团(*www.instituteforsustainability.co.uk*),正横跨河口区,从泰晤士河入海口的南北两岸进行整合研究,设立环境和能源领域的产业协作集群并以此吸引投资。达格南码头的可持续发展产业园区(Dagenham Dock Sustainable Industries Park),由伦敦泰晤士河口开发公司开发(*www.LondonSIP.com*),该园区计划使不同企业可以共享基础设施,实现与邻近企业协同增效、最大化利用资源并减少浪费的目标(图 6.4)。

闭环、塞罗麦和可持续发展研究所(Closed Loop,Cyclomax and the IfS)是三个最先签约的租户,为该地段设立了新的标准,并且开始尝试一种可持续的经济体系。凭借对过去经验的总结以及强有力的生态原则,这个绿地构想通过长久的努力终于实现了最初的伟大目标。这个构想是现实的,并且在强有力的领导之下是可以实现的。

图 6.3

公园绿地空间格局,伦敦北部泰晤士河口区实施的一项环境和景观战略

来源：Terry Farrell and Partners

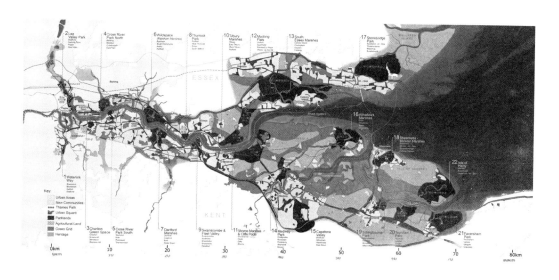

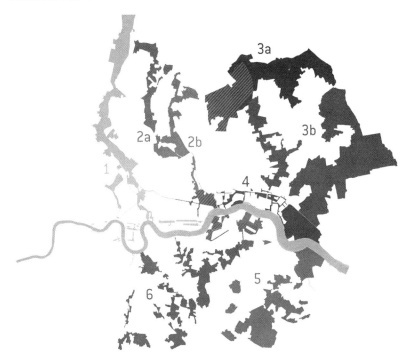

图 6.4
针对伦敦提出的绿色网格设计为伦敦东部提供了一系列正式或非正式的休闲场所和景观，并通过降低洪水风险和加强地表水管理帮助伦敦东部适应气候变化

一个新的工作环境

　　一个可持续工作环境的典型范例已经悄然出现了。在过去的二十年里，有关国王十字车站(King's Cross station)和圣潘克拉斯车站(St Pancras station)的铁路土地复兴计划(railway lands redevelopment)，在实施过程中经历了不少曲折，但灵活多变的小规模发展已经出现契机，经济的复苏为周边地区带来了活力。丽晶区(Regent Quarter)——国王十字车站向东三个街区的地方——就是由 P&O 开发公司主持设计的，这个开发项目结合了新建筑与翻新的老建筑，实现了功能的复合性(mixed use development)。

　　城市倡议组织(Urban Initiatives)在 2009 年出台了《城市发展战略》(urban development strategy)，经过五年多的逐步发展，该项目对居民日常生活的影响已显著下降。项目实施完成后，丽晶区成为一片由办公建筑、商店、酒店、酒吧和公共空间构成的复合区域，各种创意和媒体公司纷纷入驻该区。每一栋单体建筑的风格都服从区域的整体风格，该区域的特点主要体现在特色的入口空间、小面积的半公共球场、小巷以及为小憩准备的小空间。整个区域处在统一管理之下，同时表现出多元化、地域化的特质。

在一个街区内，一家上市的工厂夹在两处老牌的咨询组织之间，这样的布局模式被称为中心式布局（the Hub）（*www. kings-cross. the－hub. net/ public*）。中心式布局是一种用于集会场所的网状模式，受到社会公共事业的鼓励和支持，是为寻求改变的人所创造的场所。国王十字车站是一幢独栋的三层建筑，每天有 16 个小时以上，以不同的功能被不同人群分享使用（为满足会议、工作、创新、学习和沟通而设置），以达到集约利用的目的。作为一种工作空间的模式，中心式布局突破了多数约定俗成的规则：空间被密集地使用，它吸纳了有着相似价值观的使用者们，也充分利用了被他人遗弃的空间。

丽晶区的旁边是国王广场（King's Place）。国王广场位于运河沿岸，是由抛物线地产公司（Parabola Land）开发、建筑师迪克逊·琼斯（Dixon Jones）规划设计的新项目（*www. kingsplace. co. uk/ about－kings－place*），像嘉德集团（Guardian Group）的公司总部，以及启蒙时代乐团（Orchestra of the Age of the Enlightenment）这样的文化公司都坐落于此。广场的公共空间由两个画廊、音乐厅、配套酒吧、餐厅以及会议厅等设施组成。由于这种中心式的布局模式，它作为集会场所被频繁使用，也是一处鼓励公共交往的空间。它显示了城市如何有机地借助创新性企业的力量使一个城市的街区兴盛起来。

前进的道路

《未来十年的商业形态》（*The shape of bussiness：The next ten years*）一文提出："可持续性和道德操守将成为业务模式不可分割的一部分……公司将寻求完善的问责制度以及企业公民意识的方法以达到进一步吸引和留住客户和员工的目的。"英国工业联合会（Confederation of British Industries）指出，在信贷受限的环境中企业运营将面临挑战。企业应该专注于更灵活的运营方式，与合资企业合作，并寻求新的工作方式，其中包括处理不同的员工关系，接受他们的质疑并审查过去习惯性的流程。

在龙头企业当中,可持续发展不应只是公共关系的"漂绿"(green wash)剂。有影响力的商界领袖(Hilton,2009)正逐步认识到:"最终,只是嘴上说说而不采取实际行动的企业将失去其竞争优势。"

无论是小规模的务实行动还是观念上长远战略的转换,都应在清晰的、人性化的,并具有创新精神的驱动下才能改变城市。其中需要坚持的六项原则如下:

(1)通过研讨会、论坛以及走访参观的形式,为利益相关者建立清晰的可持续行动蓝图,以便他们都能够看到更广阔的未来;

(2)每一步行动都需要从全局出发;

(3)整个过程需要包含评价、反馈、调整和完善四个环节;

(4)都市生活与来自各方的愿望之间可能产生矛盾,要将其列入考虑范围;

(5)审查解决方案并评估对未来的影响;

(6)承认并不存在一种"黄金子弹"(golden bullet)可以立即解决一切问题。

最后,在类似英国这种成熟的环境中,寻求实现全方位的乌托邦式的创新方案,本身就是一个愿景。而已经形成的物质基础设施、现有的法律体系及实践操作可能是实现大规模变革最大的障碍。

参考文献

Brown, P. (ed.) (2009) *Hallmarks of a Sustainable City*, London: CABE.

CABE and URI(2004) 'Strategic Urban Design (StrUD)', literature and case study review (unpublished), CABE and University of Greenwich.

Carolin, P. (2008) 'Cambridge futures: Enabling consensus on growth and change', in B. Larsson (ed.), *Univer-City: The Old Middle-Sized European Academic Town as Framework of the Global Society of Science-Challenges and Possibilities*, Lund: Sekel Bokforlag.

Confederation of British Industries(2009) 'The shape of business: The next 10 years'. Online: www. cbi. org. uk/pdf/20091123－cbi－shape－of－business. pdf.

DEGW(2001) *Cambridge Expansion*, Report for Cambridge City Council.

Farrell, T. (2008) *Thames Gateway Parklands Masterplan*, London: Department for Communities and Local Government.

Fuerst, F. and McAllister, P. (2008) 'Green noise or green value? Measuring the price effects of environmental certification in commercial buildings', Real Estate & Planning Working Papers rep－wp2008－09, Reading: Henley Business School, Reading University.

Hilton, A. (2009) 'Centre stage for sustainability', *Evening Standard*, 24 November.

Jupiter, T., Elliot, L., Hines, C., Leggett, J., Lucas, C., Murphy, R., Pettifor, A., Secrett, C. and Simms, A. (2008) *A Green New Deal: Joined-up Policies to Solve the Triple Crunch of the Credit Crisis, Climate Change and High Oil Prices*, London: New Economics Foundation.

OGC and DEGW(2008) *Working beyond Walls: The Government Workplace as an Agent of Change*, Norwich: OGC.

Urban Initiatives(2009) 'Review of Tibbalds Prize shortlisted projects: Regents Quarter, Kings Cross, London', *Urban Design* 110.

Van den Dobbelsteen, A. (2004) 'The Sustainable Office: An exploration of the potential for factor 20 environmental improvement of office accommodation', doctoral thesis, TU Delft.

Van den Dobbelsteen, A., van Dorst, M. and van Timmeren, A. (eds) (2009) *Smart Building in a Changing Climate*, Amsterdam: Techne Press.

Worthington, J. (ed.) (2006) *Reinventing the Workplace*, 2nd edn, Oxford: Architectural Press.

混沌与弹性
约翰内斯堡的经验

克瑞斯娜·迪普莱西

引言

　　与所有科学性学科相同，城市规划、城市设计和建筑学由不同的文化主导，这些文化又体现出一系列的秩序：线性、刚性、规范性，并且呈现出一种自上而下的层级和细分结构。建筑类型学、法规和分区规划已发展成为一种维护和控制人类住区的社会和物理环境的纲领性工具。

　　因此，这种秩序性将会在可持续发展的模式和手段中表现出来。可持续发展从经济、社会、环境三大因素出发，以其各种框架和指标为支撑，努力寻求可持续性的控制、度量和管理的方法。很少有人质疑增强控制和管理的方法是否正确，或者我们所追求的这种秩序是否正确。

　　南非种族隔离（apartheid）体系已拓展到城市范围，为一个充满混乱和不确定性的城市提供了建立秩序的典型案例。然而，很多学者（Bonner，1995；Maylam，1995；Bond，2000；Terreblanche，2002）都曾指出，在种族隔离的时代，尝试维护社会和城市安全的现象仅仅是为了掩盖与日俱增的社会混乱和动荡。1994 年南非尝试重新整合秩序，但城市融合和社会公平的理想并没有取得特别的成功（Bremner，2000；Beall，et al.，2002）。市民对这种新的不确定性有所反应，这导致南非城市在这方面进行了更深入的探索，如建设封闭的社区和城市改善区（Landman，2002；Harrison and Mabin，2006；Peyroux，2006）。通过南非城市我们可以看到人们想要控制万物秩序的想法是天真的。

在这种棘手背景下，以当前的理论框架来解释第三世界的城市问题是行不通的，应该寻找一种合适的角度去理解可持续性（Parnell，1997）。以约翰内斯堡为背景，本文摒弃了已有的城市学理论，而运用了更为复杂的生态环境学理论去探索城市的可持续性。

南非后种族隔离的城市经验

都市的混乱程度已经超出了空间、时间、经济、地缘政治和文化的界限，波及水域和生物群落，因此南非城市永远徘徊在社会和环境灾难的边缘。不堪的过去和理想主义的现状使未来徘徊在希望和绝望之间。多样的文化、11种官方语言、身心障碍和儿童间的种族隔离造成了社会和空间的界限，这需要我们去不断地协调。

南非的城市已经人满为患，源源不断涌入的农村人口和国外移民都在寻找致富的道路。南非城市的日常生活限制了许多有意义的城市发展举措：富人与穷人之间严重的经济分裂、武装巡逻、电动围栏；庞大的贫民区和百万美元的豪宅高尔夫庄园吞噬了稀缺的耕地和水资源；缺少基础服务设施；高犯罪率和腐败以及危险的公共交通系统。

然而，除了上述问题外，南非城市在人文方面还是充满活力的，多样的城市环境充满了正式和非正式的经济活动，热情、具有创造性的商人集聚在街道上，城市拥有丰富的绿地和野生动物资源。这种活力也来源于"边缘国家"（edge country）的特质，即不同的系统之间碰撞交融，规则充满可变性，为创新和转型提供了机遇。没有一个南非的城市能够证明这种混沌边缘的城市化（edge-of-chaos urbanization）比约翰内斯堡要好。

约翰内斯堡、茨瓦内（Tshwane，原名比勒陀利亚，Pretoria）和艾古莱尼（Ekurhuleni）等工业和矿业城镇的集合形成了国家最大的城市圈（图7.1）。只占全国面积1.7%的豪登省（Gauteng Prov-

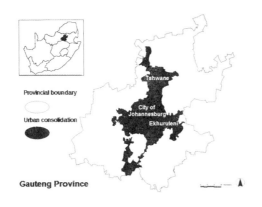

图 7.1
南非最大的城市圈
图片：Chrisna Du Plessis

ince)有近 20% 的全国人口，并自称是非洲的经济强国。它打破了世界级大都市均位于河边、湖边或者海边的规律。作为一个特例，城市的大部分水是利用水泵抽到内陆的。尽管如此，比勒陀利亚和约翰内斯堡因其将庞大的城市森林和自然保留地融入城市结构而闻名。

比勒陀利亚反映了秩序井然的加尔文主义的起源，例如奈沙特摩（nachtmaal）镇，就是南非白人农民开拓者为了定期交易、讨论政治和庆祝圣餐而建立的乡村聚落。与比勒陀利亚的起源和官僚文化不同，约翰内斯堡正忍受着持续混乱的淘金热。城市开拓者的最初意图是赚取利益而不是维持城市秩序，依据管理的最低限度允许城市以自身的规律自由演变。即使在种族隔离被严格监管的期间，约翰内斯堡仍不顾法律，孕育种族混合的"灰色"领域，并最终通过解放斗争推翻了种族隔离，因此，多年来一直位于"世界谋杀之都"或"世界最危险城市"排名的前列。

尽管约翰内斯堡拥有快节奏和冒险性的生活方式，但却缺少富有生活气息的理性街区。世界各地设计者设计的商品陈列在城市的商场中，街区成为充满活力的街头文化（street culture）和艺术的熔炉。人们可以在他们发现的任何空间里进行活动，并带来一些有趣的共存与角色逆转。来自世界各地的商贩和难民在高档餐厅前的步行道或具有奢华艺术风格的高楼大厦前贩卖商品（古玩、理发、毒品、性）或手里拿着 AK47。乞丐在红绿灯旁贩卖笑话集和烟草，并承诺烟草是合法的（图 7.2），而戒备森严的世界一流餐厅则成为中产阶级黑人提供非法交易进口雪茄和法国香槟的庇护

图 7.2

乞丐贩卖笑话集

图片:Chrisna Du Plessis

所。人们竞争激烈,行为与打扮怪异,时刻保持警惕。每天他们既有可能达成愉快的交易,也有锒铛入狱的危险。如果约翰内斯堡的情况可以像纽约那样有所好转,那么这一情况在其他地方也可以好转。

在混沌边缘寻找可持续性的挑战

约翰内斯堡是一个复杂的无政府主义城市,面临着可持续的城市规划管理和征税的挑战(Sustainability challenge)。当前约翰内斯堡对城市可持续发展的认识、衡量和管理的方法通常是基于联合国制定的两套主要的定量指标(development indicators):可持

续发展委员会指标表(UNCSD,1996)和联合国人居署制定的指标
(UN－Habitat,2004:7)。联合国的指标通过政治协商了解了城市的可持续性发展的关键,例如"发展议程"(development agenda)着重强调社会—经济制度层面的城市发展(Alberti,1996:405)。他们并不是制定某些措施或发展途径,而是对一系列发展目标的性能进行评估。无论是环境的评价还是跟踪发展的影响,这些指标的另一特征是可以反映他们的总体性质(Alberti,1996;Deakin,et al. ,2002;Finco and Nijkamp,2001)。

总指标体系将城市可持续发展的问题细分为更小、更简单的子问题,例如可以将能源使用的指标具体到特定比例,例如每平方米、每公顷的人,或开放空间的百分比。在 20 世纪 60 年代,简·雅各布斯(Jane Jacobs)指出,这种方法可以使混乱复杂的问题变成简单而独立的问题(Jacobs,1992:438)。在不同的干预措施下,将识别和评估的聚合方法用于复杂动态系统是值得商榷的(Rittel and Webber,1973;Meadows,1999;Kohler,2002)。

当前可持续发展措施从评估到管理都存在很大的问题,这个问题就是:尽管科学承认这种自适应系统过于复杂,其中的自组织和非线性运行状况是不可预测的,拥有不确定性,如同城市在本质上是无法预测的,但是现行的持续发展措施仍假设我们能够预测和控制城市系统(Meadows,2002:2)。

当前理解和衡量城市可持续性发展的方法因为没有反映现实问题而受到批判。根据沃尔弗拉姆四个等级的规则(Waldrop,1992:234;Odell,2003:48),这些方法是在乌托邦式政治协商愿景的基础上产生的,它们忽略了城市存在于混沌的边缘,是一种动态的、复杂的自适应系统。要想寻求城市发展的现实途径,关注我们在自适应复杂系统中对可持续性的理解和实践是很有必要的。

解决方法:对复杂系统方法(complex systems approach)的重新解读

目前我们将城市完全看作是机械制造的物体来对待。然而,由有机生命和有机过程塑造的城市更接近森林和珊瑚礁,而不是

机器。所以我们为什么不采用生态系统来衡量可持续发展呢？

　　将城市看作是一个生态系统（ecosystems，cities as）并不是新的思想，但是最近有人质疑如何用这种比喻来提供更可持续的城市规划和管理方法。然而，城市并不是简单的生态学系统：它们是社会生态学系统（SESs）。阿德瑞斯等人（Anderies，et al.，2006：1）将社会生态学系统描述为一个完整的生活系统，包括形形色色的人、他们的活动、行为模式和其他"物理基质（化合物、能源、水）"，以及人与基质之间相互作用而产生的动态的社会生态学系统。迪普莱西（Du Plessis，2008：82）将这种社会生态学系统描述成在时间和空间的交织系统中，物质（外部的、有形的、可见）和心理（内部的、无形的、不可见的）相互渗透的个人或集体现象。除了"扰沌"（panarchy）外，越来越复杂的不定向的分级水平呈现出一种外部性和内部性，其中的外部性是由生物地理化学过程所创造的（在这个过程中人类现在扮演着一个畸形的角色），而内部性是由人类的精神和思维过程体现，包括世界范围内的文化共享（Wilber，2000）。依赖于抽象思维和符号结构特性的社会生态学系统与简单生态学系统是有区别的。本文讨论的关键是社会生态学系统的第四个属性，即具有自组织和涌现特点的复杂自适应系统。

了解城市复杂的自适应系统

　　城市是复杂的，体现在其具有多样性和自适应性。在复杂的自适应系统（CASs）中，系统的全局属性由微观层面的相互作用建立，并与微观层面进行互动。例如，在 20 世纪 80 年代和 90 年代，大量贫民涌入约翰内斯堡，使整个城市的特点和功能发生了一连串不可逆转的改变（Bremner，2000）。

　　卢卡斯（Lucas，2004）解释了自适应系统的本质是自组织功能的优化，创造必要的新方法，并不断调整以适应时刻变化的模式和外部冲击。适应性反应和相互作用促使整个系统进行自我组织以形成一种集合结构，这种集合结构的特性在于不能通过部分特性推测出全部特性，即单一的个体也许不具有全部的集体属性（Waldrop，1992），这是一个"涌现"（emergence）的概念。在约翰内斯堡，我们可以从市民的反应中观察到这种自我组织和导入的倾向。例如城市改造区（City Improvement Districts）通过削弱市政服务使开拓功能性的生境成为可能（Peyroux，2006）。又例如出于对暴力犯罪的恐惧，在社区中设置门禁，使之成为封闭的社区，于是城市出现了新的形态（Landman and Schönteich，2002；Harrison and Mabin，2006）。

城市是一种复杂的自适应社会生态系统，这转变了将城市看作一种人工产物的观念。城市作为一种不断变化的社会时空过程，包含了无数的相互作用和嵌套过程，这些过程源于城市的自组织性和适应性，并导致了不可预知模式和事件的出现。这一观点也转变了城市如何可持续发展的定义。

乔治·科文（George Cowan，引自 Waldrop，1992：356）认为城市的不确定性和复杂性使得可持续发展议程的基础受到质疑，即"经历了从状态 A 的一系列转变到当前状态，再到向可持续的状态 B 的转型"，但是，乔治·科文认为，目标的状态本身已经不存在于这个"永恒变化的系统"当中了，同时目标所处的环境本身也在持续变化着。相反，霍林等人（Holling et al. ,2002:76）表明，"可持续性具有创造、测试和维护的自适应能力，可持续发展是一个创造、测试和维护的过程"。他们指出实现可持续需要坚持不懈的变革和努力。因此，默里·盖尔曼（Murray Gell-Mann，引自 Waldrop，1992：351）认为人类社会的可持续发展是一个"适应性强、充满活力并具有一定自我修复能力的动态系统"。这个观点导致越来越多的科学家认为在社会生态学系统中决定可持续性的关键是自我修复能力（Walker and Salt，2006：11）。

可持续性的新象征——自我修复能力

沃克、索尔特（Walker and Salt，2006:11）和高斯（Gotts，2007:2）认为，作为一个概念性的框架，自我修复能力建立在以下的系统特点上：多种稳定的组织状态，这些状态由一些关键的阈值和随机的变化（引发适应性循环）来区分；多种特色鲜明的尺度，并伴随有跨尺度的相互作用（扰沌）；自我修复能力（系统在不改变其功能性前提下对干扰的抗性与恢复能力）。从自我修复观点（Resilience thinking）来看，可持续性的目标并不是对抗或逆转改变，而是要去接受不可避免的改变并在适应性循环中管理改变的进程，这样就能使系统在不丧失其根本特征的情况下进入另一种稳定领域，或是避免改变所造成的巨大破坏影响到上一层更大的系统。霍林和冈德森（Holling and Gunderson，2002：51）认为自然界中自适应循环（adaptive cycle）的周期由快速增长、维护、释放和重组四个环节组成。

沃克和索尔特（2006：59）提出，系统中的参与者可以通过调节阈值来管理弹性，通过阈值来移除一个系统或是使门槛设得更高。他们认为这种能力是系统的适应性（或自适应能力，adaptive capacity），并提出了决定适应能力的三个特征（characteristics determining）：

（1）系统内部连通性（Degree of connectedness）：系统内部的控制力大小，即内部控制变量和系统的连接度，这些系统是由许多各自内部紧密联系，彼此之间却联系松散的子系统组成，例如，布置分散，但可以通过网络互相连接的能源系统。

（2）反馈紧密度（Tightness of feedback）：改变对系统产生影响的速度和强度，以及速度可被察觉的近似阈值。

（3）系统内部多样性（Diversity）：特别是当相同的功能组团由不同的组织构成时，不同的组织对于干扰或生存策略所做出反应的多样性（Elmqvist, et al.，2003，引自 Walker and Salt，2006：69）。

反馈系统多样性（response diversity）可以为多种优化过程提供灵活性，因此，某个特定事物的消失并不会影响整体功能。例如社区为应对犯罪设置门禁，这种一系列代表个人立场的行为，会使单一模式的城市住房变得更紧密。城市在没有住房威胁的前提下，好地段的潜能将得以释放（尽管可能会导致其他问题）。

然而，不是所有的反应都是相同的。负责维护和更新物业的建设管理机构对棚户区的维护并不感兴趣，这可能会导致市中心的保障性住房暂时增多。然而，越来越多的人口加上越来越少的可居住的旧房屋，最终会导致市中心没有能力再提供住房。城市如何跨越这道门槛决定了这个城市是继续衰落，还是拥有再生的机会。虽然地标性建筑的减少不利于历史的延续，但对于系统进入另一个自适应循环周期是有益的，并会促使一个功能失常的稳定政权走向瓦解。

自我修复表明系统中行为的优化（optimization of system behaviour），对于管理动态系统不是一个恰当的途径，因为优化围绕着一个单独的目标（即增长、稳定、变化、多样）仅仅建立在一个相反的周期中或下一个循环之中（Holling and Gunderson，2002：47），即"优化（通过严密的控制得到最大效率的观点）本身就是一个巨大的问题，而并不是一个成型的解决方案"（Walker and Salt，2006：141）。这就意味着城市管理需要深刻的改革。更重要的是，这是一个简单直接的反馈过程。一部分优化后的影响可能会在其他部分被观测到。例如，在1994年，国家政策要求市政府在一个面积有限的地段建造享受国家补贴的低成本免费住房，这就导致了大量城市土地交易的扭曲（Napier，2007）。再如，住房条件好的家庭可以利用现有住房进行贷款进一步提高生活质量，而未达到银行提供贷款的最低标准的家庭则无法享受这种补贴政策（Banking Association of South Africa，2005：16）。现有住房政策以及由此产生的住房差距会导致大量其他弥补这种差距的新政策出现，这种新政策与现行政策是相违背的，会威胁到城市系统的自我恢复力（Cross，2006；Marx and Royston，2007；Urban Landmark，2007）。而将城市看作一个复杂的系统可以避免上述情况的发生。

结论

很明显，如果将城市作为一个复杂的自适应社会生态系统，我们需要寻求城市可持续发展的不同方法，这些方法就包括复杂系统理论和自我修复观点。复杂系统理论解释了最易生存的地方是混沌的边缘，而不是理想的平衡状态，因此混沌边缘是创造力繁盛的地方，是进化产生和生命诞生的地方。为了充分理解可持续发展的观点，我们必须接受混沌边缘是城市的自然状态；顾名思义，城市是创造和破坏的竞技场；城市在毁灭和再生之间不断徘徊，但是如果我们不谨慎应对威胁，城市终将覆灭。从科技、社会和经济的意识形态方面来说，城市的可持续发展可以为预先确定或长期存在的问题找到一系列的解决方案，这并不是一个必要的"正确"选择，而是需要有效地参与到城市的自然演进过程中，同时防止城市及全球社会生态系统越过临界的阈值。

参考文献

Alberti，M.（1996）'Measuring urban sustainability'，*Environmental Impact Assessment Review* 16：381-424.

Anderies，J. M.，Walker，B. H. and Kinzig，A. P.（2006）'Fifteen weddings and a funeral：Case studies and resilience-based management'，*Ecology and Society* 11，1：21ff. Online：www. ecologyandsociety. org/vol. 11/iss1/art21（accessed 23 May 2007）.

Banking Association of South Africa（2005）*Research into Housing Supply and Functioning Markets：Research，Findings and Conclusions*. Report prepared by Settlement Dynamics Project Shop and Matthew Nell and Associates for the Banking Association of South Africa，Johannesburg.

Beall，J.，Crankshaw，O. and Parnell，S.（eds）（2002）*Uniting a Divided City：Governance and Social Exclusion in Johannesburg*，London and Sterling，VA：Earthscan.

Bond，P.（2000）*Cities of Gold，Townships of Coal：Essays on South Africa's New Urban Crisis*，Trenton，NJ and Asmara，Eritrea：Africa World Press.

Bonner，P.（1995）'African urbanisation on the Rand between 1930 and 1960：Its social character and its political consequences'，*Journal of Southern African Studies* 21：115-130.

Bremner，L.（2000）'Reinventing the Johannesburg inner city'，*Cities* 17，3：185-193.

Cross，C.（2006）'Attacking urban poverty with housing：Toward more effective land markets Urban LandMark'，Position Paper 2，prepared for the Urban Land Seminar，November 2006，Muldersdrift，South Africa. Online：www. urbanlandmark. org. za/research/overview. php（accessed 12 October 2009）.

Deakin，M.，Huovila，P.，Rao，S.，Sunikka，M. and Vreeker，R.（2002）'The assessment of sustainable urban development'，*Building Research and Information* 30，2：108ff.

Du Plessis, C. (2008) 'A conceptual framework for understanding social-eco-
logical systems', in M. Burns and A. Weaver (eds), *Exploring Sus-
tainability Science: A Southern African Perspective*, Stellenbosch:
Sun Press: 59-90.

Elmqvist, T., Folke, C., Nystrom, M., Peterson, G., Bengtsson, J.,
Walker, B. and Norberg, J. (2003) 'Response diversity and ecosystem
resilience', *Frontiers in Ecology and the Environment* 1, 9:488-494.

Finco, A. and Nijkamp, P. (2001) 'Pathways to urban sustainability',
Journal of Environmental Policy and Planning 3: 289-302.

Gotts, N. M. (2007) 'Resilience, panarchy, and world-systemsanalysis', *E-
cology and Society* 12, 1: 24ff Online: www. ecologyandsociety. org/
vol. 12/iss1/art24 (accessed 23 May 2007).

Harrison, P. and Mabin, A. (2006) 'Security and space: Managing the con-
tradictions of access restriction in Johannesburg', *Environment and
Planning B: Planning and Design* 33: 3-20.

Holling, C. S. and Gunderson, L. H. (2002) 'Resilience and adaptive cy-
cles', in L. H. Gunderson and C. S. Holling (eds), *Panarchy: Under-
standing Transformations in Human and Natural Systems*, Washing-
ton, DC: Island Press: 25-62.

Holling, C. S., Gunderson, L. H. and Peterson, G. D. (2002) 'Sustainabili-
ty and panarchies', in L. H. Gunderson and C. S. Holling (eds), *Pan-
archy: Understanding Transformations in Human and Natural Sys-
tems*, Washington, DC: Island Press: 63-102.

Jacobs, J. (1992) *The Death and Life of Great American Cities*, New York:
Random House Inc. Vintage Books.

Kohler, N. (2002) 'The relevance of BEQUEST: An observer's perspec-
tive', *Building Research and Information* 30, 2: 130-138.

Landman, K. (2002) 'Gated communities in South Africa: Building bridges
or barriers', paper presented to the International Conference on Private
Urban Governance, Mainz, Germany, 6-9 June 2002.

Landman, K. and Schönteich, M. (2002) 'Urban fortresses: Gated communities
as a reaction to crime', *The African Security Review* 11, 4: 71-84.

Lucas, C. (2004) *Complex Adaptive Systems: Webs of Delight*, version 4.
83, May 2004. Online: www. calresco. org/lucas/cas. htm (accessed 9
February 2009).

Marx, C. and Royston, L. (2007) *Urban Land Markets: How the Poor Access, Hold and Trade Land*, Pretoria: Urban Landmark.

Maylam, P. (1995) 'Explaining the apartheid city: 20 years of South African historiography', *Journal of Southern African Studies* 21: 19-38.

Meadows, D. (1999) 'Indicators and information systems for sustainable development', in D. Satterthwaite (ed.), *The Earthscan Reader in Sustainable Cities*, London: Earthscan: 364-393.

Meadows, D. (2002) 'Dancing with systems', *The Systems Thinker* 13, 2: 2-6.

Napier, M. (2007) 'Making urban land markets work better in South African cities and towns: Arguing the basis for access by the poor', Fourth Urban Research Symposium, Washington, May. Online: www.urbanlandmark.org.za/research/functional_markets.php (accessed 12 October 2009).

Odell, J. (2003) 'Between order and chaos', *Journal of Object Technology* 2, 6: 45-50.

Parnell, S. (1997) 'South African cities: Perspectives from the ivory tower of urban studies', *Urban Studies* 34, 506: 891-906.

Peyroux, E. (2006) 'City Improvement Districts (CIDs) in Johannesburg: Assessing the political and socio-spatialimplications of private-ledurban regeneration', *Trialog* 89, 2: 9-14.

Rittel, H. W. J. and Webber, M. M. (1973) 'Dilemmas in a general theory of planning', *Policy Sciences* 4:

Terreblanche, S. (2002) *A History of Inequality in South Africa* 1652-2002, Scottsville, South Africa: University of Natal Press.

UNCSD (1996) *CSD Working List of Indicators*, United Nations Division for Sustainable Development. Online: www.un.org/esa/dsd/dsd_aofw_ind/ind_csdindi.shtml (accessed 18 March 2009).

UN—Habitat (2004) *Urban Indicator Guidelines*, Nairobi: UN—Habitat.

Urban Landmark (2007) *Voices of the Poor: Community Perspectives on Access to Urban Land*, Pretoria: Urban Landmark.

Waldrop, M. M. (1992) *Complexity: The Emerging Science at the Edge of Order and Chaos*, New York: Simon & Schuster.

Walker, B. H. and Salt, D. (2006) *Resilience Thinking: Sustaining Ecosystems and People in a Changing World*, Washington, DC: Island Press.

Wilber, K. (2000) *Sex, Ecology, Spirituality*, Boston and London: Shambala.

第 2 篇

基础设施与可持续城市

综述

拉尔夫·霍恩

　　城市作为竞争的场所，由于基础设施的高效性、经济的连通性，以及对资源、知识和劳动力的吸引能力所带来的无可比拟的优势，使其成为后工业化生产的中心地。城市对于技术型带动资源的"拉动"，反而以不断增长的痛苦的形式，对现有的基础设施造成了压力。即城市的基础设施增长和发展之间的矛盾（Seitz,2000；Munnell,1990）。世界上大多数由人类活动产生的温室气体排放来自于城市，对于减少其排放量需求的共识日益提升，同时也要求城市的基础设施必须适应不断变化的气候环境（Newman and Kenworthy,1999；Low, et al. ,2005；Girardet,2004）。

　　人们的生活塑造了城市肌理。而反过来，人们的居住和活动，也改变了城市肌理。无疑，城市为实现可持续发展所做的任何尝试，都要兼顾这种物质空间肌理和"软性"基础设施，其中包括制度、社会文化背景、自然环境以及政治经济现状与未来的可能性（Anderson,1996）。吉登斯（Giddens,1984）的结构化理论（theory of structuration）以及拉图尔（Latour,2005）的行动者网络理论（ac-tor—network theory）洞察了城市居民与城市肌理关系的双向性，通过这种双向性，可以看出基础设施对城市社会经济形成的影响，以及城市居民、设计者与规划者对其周遭环境的再现和详论。

　　城市化的过去以及未来，都是对基础设施不断调整、重塑和创新的过程，以适应快速变化的社会现实以及持续增长的人口。在这一过程中，城市基础设施可以从以下三个维度（three dimen-sions）进行定义：

（1）"隐藏的城市"（the hidden city），即作为城市"内脏"（in-nards）的基础设施要素通常被隐藏在人们的视线之外，包括网络系统、电缆、下水道、地铁和地基等；

（2）"动态的城市"（the dynamic city），即城市结构一定会经历再利用、征用、转变和更新的过程，通常这些变化在跨代间很难被发觉；

（3）"构想的城市"（the imaginary city），即基础设施并没有被建造出来，而是被有目的地规划出来，并且它的实现是社会技术与经济过程的产物。

本书这一部分的四个章节分别研究了基础设施和可持续城市，每一部分都强调了在不同的背景下，对制度、社区和技术安排的转型所做的努力。

希拉·奈尔针对印度供水和环卫项目案例进行了研究，形象且有力地阐述了"隐藏的城市"这一概念。在这个过程中，我们处理排泄物的方式可以变得特殊而隐秘。从金奈市（Chennai）的排水管道可以看出，人口的增加以及频繁的干旱造成了饮用水的严重稀缺。都市正在迅速增长，为了满足其给排水系统需求，地表水被过度使用，与此同时含水层也被无节制地抽取，导致地下水盐度上升。用罐车运水的方式作为短期的应对措施被普遍使用。到20世纪80年代，在寻找水源的同时，对于改善供水系统的需求也变得更加迫切，用水危机激发了人们寻求更加可持续的解决方法。随着当地立法和相关举措的发展，通过回收利用废水和雨洪资源来补充含水层已提上日程。

金奈在城市供水基础设施受限的情况下，利用雨水收集的方法替代脱盐处理水的方法，提供了低排碳、低能耗的处理方式，增加了城市的可持续性。这些分散式的解决方法收效显著，与集中的网络系统相比可以节省更多的能源。采用这些方法还可以鼓励多个社区之间利用协调管理的优势共同处理水资源的使用问题。在民间社会团体以及社区成员的维护下，当地引入了防洪系统用以抵抗洪灾侵害。

另一个案例发生在穆西里镇（Musiri Town），那里地势较低，地下水位线较高，厕所管网渗漏严重。这些造成了长期的水污染问题，不仅破坏了环境还威胁到当地社区居民的健康。因此社区展开了广泛的讨论，由社会援助组织开展了干式堆肥厕所（dry composting toilets）项目。这一项目在解决河流污染问题的同时使粪便和尿液能够作为肥料被回收，厕所的使用者因此也可以获得一定的报酬，成为世界上第一座"使用，付你费"（Use and Get Paid Toilet）的厕所，而不再是"付费，你使用"（Pay and Use Toilet）。

19世纪城市排水系统多采用集中的、重力式的模式，将大量的水用于冲刷废物最终流入海中，确实做到了"眼不见，心不烦"。然而，奈尔通过一系列的改革项目证明了城市没有一条下水道，依旧可以正常运转。这些成功的案例说明了可持续发展模式的重要性，这些模式与城市的很多方面息息相关，特别是对于易受旱灾的澳大利亚，有很好的借鉴意义。穆西里的经验告诉我们，要运用发展的眼光来创造可能性，并让所有的利益相关者都参与到改革的过程中，那么即使是上厕所这样的个人习惯都能被彻底改变，变得更加可持续。这一结果，离不开政府以及非政府成员的努力，正是他们有针对地将适合的技术、社区建设能力以及公众参与联系起来，才能创造出这样一次大胆的尝试与创新，最终开创了一条成功的可持续发展之路。

史考特·博伊尔斯顿致力于解决由北美洲城市的石油依赖性和私人交通造成的基础设施困境。博伊尔斯顿特别关注城市中衰败的后工业地区和城市的建筑及基础设施。佐治亚州的萨凡纳（Savannah，Georgia），面对城市更新的挑战，并没有将破败的建筑视为过去时代的残渣，也没有进行高成本的拆除或是大规模的更新改造，而是提出了一些依托于现存工业肌理的可持续的应对方法。

将结构良好的建筑改造为不同的用途意义重大，并带来了很多好处，包括延长建筑寿命以节约能源、保护城市的天际线和城市特色，还能保存城市遗产。大胆的设想源于对可持续整修模式可能性的思考。由实干家领导的一系列创造性活动开辟了一条可循环再生的重建之路。这要求我们正视当地的政治经济情况，同时也应该按照对建筑的维修与改造计划来进行调整。案例研究表明，组织、使用者与城市基础设施有创造性的共同进化，可通过多方协商对城市进行重塑，来适应现有的城市肌理。

保罗·道顿提出一个悖论，他认为造成气候变化的直接原因是城市化，但解决问题的关键也在于城市化。他更加支持反思性建筑（reflexive architecture），这种建筑理论按照生态城市的原则来重塑城市。他以图表形式来展示一个世纪以来的城市生态研究，指出生态建筑学并不仅仅是使用太阳能板和进行节能建设，仅靠使用可再生能源与雨水回收技术无法实现生态城市的建设。

基于盖尔和芒福德（Gehl and Mumford）的开创性研究，道顿认为生活定义了城市，因此城市设计应融入日常生活中，而城市空间就是日常生活发生的载体。城市设计如果不能以人为本，即使披上了"绿色科技"的外衣也是毫无意义的。是社会与制度给予了城市存在的意义，因此只有当技术和社会各领域"契合"时，才能实现可持续发展。

道顿所研究的一项名为"克里斯蒂·沃克"（Christie Walk）的社区导向项目，位于南澳大利亚的阿德莱德市（Adelaide，South Australia），这个项目为低收入家庭提供了新的经济适用房。项目采用的是中等密度的开发方式，其可持续性体现在实施与设计过程中进行了广泛的社区参与。项目从设计到建成耗时8年，说明成功的可持续社区可以通过时间来实现。

随着城市化速度继续加快，中国对基础设施的需求持续增加，城市基础设施的建设却需要一段时间。经济的快速增长以及人口和社会的推动力共同驱动着中国进入何新城（Neville Mars）所称的超级城市化（hyper-urbanization）阶段。值得注意的是，"中国强调了构建未来绿色宜居环境目标的必要性"。而中国城市景观发展的速度和规模也面临着社区参与和可持续发展等重要问题的挑战。

可持续的城市发展与不可持续的郊区蔓延，其区别在于重要基础设施的建设，例如受地理因素局限的公共交通系统。对于设计者来说，是继续遵循惯例，还是打破常规来追求更高的环境绩效，是一个艰难的抉择。何新城研究的案例选择了后者，尝试采用创新的公交系统以及"E-trees"技术——在你去工作或是玩耍的时候，可以将车停在这里的阴凉下，汽车还可以在这里充电。伴随着生活质量和消费水平的日益提高,这样的生态创新技术对于中国来说具有重要的意义。他同时指出,如果仅将生态现代化议程的目光局限在新型的绿色科技上,那么将很难得到可持续的成果。基于这个认识,本文收录的案例可与本书的其他案例相互补充与借鉴。

总结

通过比较世界发达国家与发展中国家可持续案例的差异,可以看出,在全球气候变化的影响下,城市基础设施面临的矛盾(tensions facing)主要有以下五点:

(1)城市的基础设施是动态的,也是难以改变的。尽管经历着持续的变化,城市的物理环境与政策安排却常常表现出对目的性转型的抗拒,取而代之的是一种再生功能。

(2)未来的愿景即便目前难以实现,但依旧十分重要。清晰缜密的低碳城市基础设施建设愿景为我们的改变指明方向,即使在很长一段时间内难以预见这种改变。

(3)可持续并不意味着状态稳定。未来的基础设施是动态和多样的,不是说要停止对基础设施的重塑,而是要改变其重塑的方法。

(4)尽管时间紧迫,但是建设可持续基础设施需要时间。尽管缓解全球变暖的行动十分急迫,但是实现社会技术基础设施转型也需要时间。

(5)可持续的物质基础设施需要新的社会基础设施的支持。可持续的转变意味着社会与文化一定要与物质基础设施共同进化,反过来这也指明了社区成员应扮演的角色。

在设计和建造可持续的城市基础设施时,应该谨慎处理前三个矛盾。任何有关"确定的"、可实现的或是可预测结果的("可持续的城市基础设施")标准似乎都会被曲解,最终会导致可持续项目的失败。人类的聪明才智常常导致基础设施被误用,甚至完全违背了设计初衷。这些情况使温室气体排放量或多或少有所变化,但却与设计者的设计初衷不符。另外,未来的发展情况本质上是不可预测的,因此对居住和活动的特殊模式进行设计并长期投资,存在一定的风险。只有当社会、政治和经济结构本身对特殊基础设施产生需求,而我们使用特殊的方法来满足这种需求时,才能降低风险。

要想对郊区结构进行反思(O'Connor and Healy,2004),首先要对社会需求与相应的基础设施之间的关系进行反思。肖夫等(2007)在谈及《日常生活的设计》(*design of everyday life*)时引用了社会实践理论,解释了为何要把局限的传统设计与温室气体排放的责任分开。它们之间存在着差距,而这种差距是一种复杂的、动态的、尚未实施的社会实践,因此很难被理解。这些社会实践不断变化且不可预测,但却在有规律地重复出现。通过深入理解以下两个方式,能够帮助我们解决在未来使用方向不明确的情况下,却需要对可持续基础设施有所猜想的矛盾,这两个方式分别是,物质材料、人造产品、实践活动实现共同进化的组合方式以及它们与生产、消费、改革的循环(Shove et al.,2007:14)之间的联系方式。

最后两种矛盾讨论的是时间和社会机构在基础设施建设中所起的作用。城市肌理与城市、社会、气候改变的周期,它们之间存在内在联系,但同时也遵循着各自不同的规律。社会技术转型(socio-technical transitions)由吉尔斯(Geels,2002)提出,基于里普和肯普(Rip and Kemp,1998)的多层次视角,包括了三个层面:利益主体转型,社会技术体制转型和社会技术背景转型。社会技术体制是由一系列安排形成的支配集,包括规则、角色、关系、价值、准则、利益、共享创新议程以及指导原则。另一方面,利益主体包含规模较小、稳定性较弱的群落和组织,在这里,企业和社会创新团体内部很少能够大范围地达成一致,同时会承担更多的风险以及进行更多的公开试验。社会技术背景(Rip and Kemp,1998)同时包括为体系提供基础的物质形式和社会背景,其中也包含了利益主体或其他难以控制的因素。

在城市基础设施中,景观因素可能包括气候变化、全球金融危机以及后工业时代的经济重组。可持续基础设施的利益主体(sustainable infrastructure niche)包括政策企业家,他们提出了可选择的低碳交通系统和建筑形式;设计并构建实验型低碳结构的建设产业创新者;居民和基础设施的使用者。根据吉尔斯和舒特的研究(Geels and Schot,2007),作为低碳密集型基础设施的支配系统,社会技术体制是不断变化的,发生改变的前提是景观条件对政策发起挑战,同时新的利益主体会随着社会网络进化而出现,这将导致当前体制通过更新或是接纳新体制下的利益主体而做出改变。

吉尔斯和舒特(2010)提出的转型特征如下:

(1)共同进化的迹象,这一过程需要社会技术配置产生多次变更;

(2)多元主体,协作过程,以及从一种配置体系向另一种的根本性转变;

(3)具有较长的时间跨度(40~50 年,注意:实现一项突破至少要花费 10 年,想要人们接受这项突破也许需要 20~30 年);

(4)宏观性,组织层面的可识别性(而非公司企业层面)。

这里提出的时间尺度是有参考价值的,因为它借鉴了吉尔斯和其他工作者所做的关于社会技术转型的历史研究,这个时间尺度表明如果不花费很长的时间进行一系列相关的研究,那么任何可持续基础设施的转型都不太可能实现。从本部分的案例研究可以看出,新型基础设施需要大量的时间来建设;国际气候变化委员会(International Panel on Climate Change,IPCC)在 2007 年对温室气体排放以及气候变化进行了预测,很多人认为其结果过于悲观。建设基础设施必然通过多种方式使社会利益相关者参与进来,并以此来激发基础设施合作管理(co-management of infra-structures)和基础设施规划设计(Olsson et al.,2004)。

在拥有可持续基础设施的城市出现之前,我们还需要应对许多挑战。即便把可持续基础设施的定义局限在"低碳"上,我们仍未彻底搞清未来温室气体排放的地点、方式和条件,这是由城市的肌理、资源、居民的社会活动以及行为模式之间错综复杂的关系所决定的。新的观点认为,未来具有不确定性,我们应当不断地进行改变和尝试,这是不能回避的,同时,城市的居民应该参与到未来的建设中去。接下来所介绍的案例研究的价值,在于其阐述了一种对于这种愿景的可能性与参与性的积极模式。

参考文献

Anderson, W. (1996) 'Urban form, energy and the environment: A review of issues, evidence and policy', *Urban Studies* 33, 1: 7-36.

Geels, F. W. (2002) 'Technological transitions as evolutionary reconfiguration processes: A multi-level perspective and a case—study', *Research Policy* 31, 1257-1274.

Geels, F. W. and Schot, J. (2007) 'Typology of sociotechnical transition pathways', *Research Policy* 36, 3: 399-417.

Geels, F. W. and Schot, J. (2010) 'The dynamics of socio-technical transitions: A socio-technical perspective', in J. Grin, J. Rotmans and J. Schot (eds), *Transitions to Sustainable Development: New Directions in the Study of Long Term Transformative Change*, Abingdon: Routledge.

Giddens, A. (1984) *The Constitution of Society: Outline of the Theory of Structuration*, Cambridge: Polity Press.

Girardet, H. (2004) *Cities People Planet*, Chichester: Wiley-Academy.

IPCC (2007) *Mitigation of Climate Change*, Intergovernmental Panel on Climate Change.

Latour, B. (2005) *Reassembling the Social: An Introduction to Actor-Network-Theory*. Oxford: Oxford University Press.

Low, N., Gleeson, B., Green, R. and Radovic, D. (2005) *The Green City: Sustainable Homes, Sustainable Suburbs*, London: Routledge.

Munnell, A. H. (1990) 'How does public infrastructure affect regional economic performance?' *New England Economic Review* September/October: 11-32.

Newman, P. and Kenworthy, J. (1999) *Sustainability and Cities: Overcoming Automobile Dependence*, Washington, DC: Island Press.

O'Connor, K. and Healy, E. (2004) 'Rethinking suburban development in Australia: A Melbourne case study', *European Planning Studies* 12 1: 27-40.

Olsson, P., Folke, C. and Berkes, F. (2004) 'Adaptive co-management for building resilience in social-ecological systems', *Environmental Management* 34, 1: 75-90.

Rip, A. and Kemp, R. (1998) 'Technological change', in S. Rayner and E.

L. Malone (eds), *Human Choice and Climate Change*, vol. 2, Columbus, Ohio: Battelle Press: 327-399.

Seitz, H. (2000) 'Infrastructure, industrial development and employment in cities: Theoretical aspects and empirical evidence', *International Regional Science Review* 23, 3: 259-280.

Shove, E., Watson, M., Hand, M. and Ingram, J. (2007) *The Design of Everyday Life*, Oxford: Berg.

可持续的饮水工程与卫生设备
两个印度的案例

桑塔·希拉·奈尔

本文介绍了两个城市用水管理的案例。第一个案例发生在印度的四大都市之一，泰米尔纳德邦（Tamil Nadu）的首府——金奈。这里拥有超过 560 万的人口，但是饮用水资源极其匮乏，仅依靠罐车和管道远距离输送饮用水。这种庞大而不可持续的供水系统一度遭到人们的质疑。同时这座城市还在不断地开发市区和周围地区的地下水资源。另一个案例发生在穆西里镇村务委员会，由于这里没有镇域的卫生设施系统，人体的排泄物处理方式随意、不文明且不卫生。除了缺乏资金之外，穆西里镇还面临着另外一个环境难题，即传统卫生设施系统的整合问题。

为了满足经济和可持续的需求，金奈没有使用传统的远距离运水，而采用屋顶集水装置并利用收集来的雨水补充含水层。这一方法更加符合可持续的需求，因此受到了广泛好评。本文试图探索一种适用于大城市的饮用水供给模型。由于改善城市水资源匮乏的问题需要积极的公众参与并在其中发挥作用，所以本文通过穆西里镇的案例，展示了如何说服家庭接受无水厕所并教会人们如何正确使用它。

对于经济不发达的地区，很多废物处理系统，特别是在工业革命时期被喻为公众健康梦魔的污水处理系统，已经不再是可持续的，它们既不经济也不环保。随着对生态原则认识的日益深入，城市废物处理不应再遵循"掩埋"与"冲走"的传统原则，废物处理系统在城市规划中的地位尤为重要。本文中，金奈和穆西里的两个案例面对各自的生态挑战，满足了城市废物处理的基本需求。本文的所有数据及其他材料来源于文后所注的金奈和穆西里城市网站。

金奈：雨水收集与地下水补给

全世界城市供水系统的管理者通过不断增长的远距离输水来满足更多的人均用水量，结果却引发了危机。讽刺的是，这种忽视城市资源及自身局限性的低效供水系统设计，缩短了干旱及洪水的周期（drought-flood cycles）。实现环境可持续服务的一个显著实例是，利用城市空间作为雨水和洪水的收集场地。在如今城市的噩梦中，一个统一的抗旱减灾方案如同一个美梦，而金奈则成为第一个神话——将"水匮乏"（water scarcity）转变为"水安全"（water security）。

在 17 世纪，金奈是孟加拉湾的一个小渔村，英国东印度公司将其发展成为一个交易港口，被称作马德拉斯（Madras），直到最近才重新使用原名。金奈位于印度的最南端，是泰米尔纳德邦的首府，印度的第四大都市，处在非常平坦的沿海平原，拥有 76 平方千米的土地。科赛来亚河、科勒姆河和阿迪亚尔河汇聚于此，注入孟加拉湾。宽阔的白金汉运河由南至北穿流而过（图 9.1）。据初步统计，金奈的人口在 2009 年时已超过了 560 万，年降雨量约为

图 9.1

金奈饮用水水源地

1 250毫米，其中超过 75% 的降雨发生在十月到十二月。

直到 1870 年左右，马德拉斯的居民才不再依靠家里的浅水井、公共水井以及邻居的蓄水罐供水。马德拉斯在 1872 年开始采用有组织的供水系统，并以此为核心逐渐发展成金奈城市地表水供应系统。那时，城市当局遵照的是发达国家一直沿用的人均用水量标准。一个多世纪后，通过地表以及地下水结合使用的方式，金奈提高了人均用水量标准，到 2000 年，每天大约能够为 500 万人提供 350 兆升的用水。

然而，在降雨不足的年份里，即使是每天 200 兆升的用水都难以提供。在雨季降雨量正常的情况下，金奈 80% 的饮用水来自地表水，而 20% 来自地下水。当降雨严重不足、河流干涸地表水无法使用时，所有的饮用水都来自地下水。

日益严重的饮用水危机迫使总体规划在制定时，要保证城市与河流有良好的互通性，能够通过运河或 200～300 千米的管道获取水源，这需要各州之间进行协商与合作。需水量的不断增长和一度降低的人均可用水量造成了私人企业、个人、家庭和政府机构对地下水资源的过度依赖。

过度开发煤矿和地下水导致地下水蓄水层开始盐化，淡水蓄水层逐渐枯竭。由于对地下水的过度使用，地下水储量不断减少（图 9.2），导致东北部沿海地带海水入侵：1969 年，距海岸线 3 千米范围内的淡水受到海水污染，1983 年污染范围扩展到 7 千米，到1987 年达到了 9 千米。饮用水的质量不断下降，私人饮用水经销

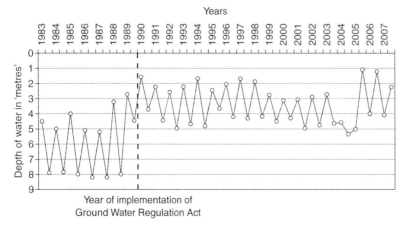

图 9.2

金奈地下水水位变化图

（1983－2007）

来源：Sheela Nair

商开始从南部海岸的蓄水层"挖"水。城市的地下水位线下降，使得过去地下水品质良好的地区也出现了碱性水。金奈在1983、1987、1993年遭受了严重的旱灾，又在2001年到2004年中期再次经历旱灾，问题变得越来越严重。平均两年一次的旱灾迫使人们开始考虑疏散缺水地区的人口。

严重的水资源危机迫使金奈市供水和污水处理局(Chennai Metropolitan Water Supply and Sewerage Board)重新修订总体规划，调整给排水系统，使其更加可持续。除了通过远处的地表水源来增加饮用水来源外，新规划的独特之处在于通过一种经济的、就地取材及分散式的方法来管理和储存地下水资源。在政策方面，通过国家和地方立法限制无序的商业采矿以及对地下水的过度开发，例如泰米尔纳德邦政府于1987年颁布了《金奈市区地下水资源管理法案》(Chennai Metropolitan Area Ground Water Regulation Act)，并在2002年进行了修订。

金奈启动了废水回收计划，处理后的水可作为个人用水和非饮用水。正常情况下，《金奈市区地下水资源管理法案》和远距离调水有利于改善缺水状况，但是在干旱时期，政府以及个人的用水还是要依靠地下水。随着干旱范围的扩大，远距离调水也变得不再可靠，在危机时期，水源应该共享，但却遭到上游居民反对，由此导致的冲突迫使政府寻求一种依赖城市自身的解决方法。

解决问题的关键就在于如何利用大约1 250毫米的雨季降雨量，这些降水会在短短四个月内流失，却造成了洪水泛滥，破坏正常的给排水系统。而由于金奈地形平坦，洪水数天才能退去，整个雨季里，因涨潮引起的海平面上升会进一步阻碍排水系统的运转。但是，如果对雨水进行开发利用，不仅可以增加饮用水供给，还可以使地下水资源得到补充。

为此金奈政府做了一些努力，在金奈的都市发展与城市规划规范中，强制要求建筑安装屋顶雨水收集系统。自1994年起，要求多层建筑与一些特殊建筑安装屋顶雨水收集系统(rooftop rainwater harvesting systems)，到了2000年，强制要求的对象扩展到所有申请新型给排水连接系统的建筑。但是，这一规定并没有获得预期的效果，并且规范中要求的对象也仅限于新建的大型建筑。

直到 2003 年,国家立法机构修正了国家及地方法律,强制要求所有的建筑安装屋顶雨水收集系统,并规定从法律颁布开始,所有建筑必须在一年内完成雨水收集系统的安装。

倡导雨水收集系统有三个目的:收集建筑屋顶上的雨水;通过已有的污水坑储存过滤的雨水以备不时之需,并且鼓励将多余的水及径流(如来自街道的水)进行合理的过滤,用于补充土壤以及城市各类水井,包括开放式水井及深钻井(图 9.3,9.4)。

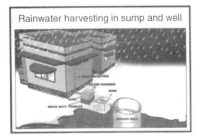

图 9.3
雨水收集系统的四个示例
来源:Sheela Nair

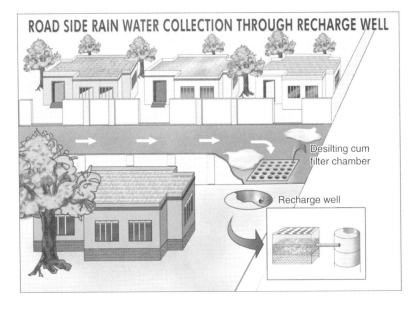

9.4
收集街道雨水来补充水井示例
来源:Sheela Nair

由于可用水资源分散,这一系统并不适用于金奈市供水和污水处理局的统一控制,因此逐渐转变为合作管理。虽然当局拥有大量专业化控制的正规给水系统,但家用简易供水系统对于饮用水管理可谓是一项创造性的干预。

这些措施的成功依赖于相互独立但协调一致的行动,即通过实施"文字、精神和功能上的法律"这一过程来实现。公众团体、纸质媒体和电子媒体有意识地对雨水收集系统的功能、供水品质和可持续性进行广泛宣传。同时,具体的技术数据也向居民协会、公共团体以及分散的民间组织展示了该系统的优势。这些行动使雨水收集模式和雨水收集系统在各地得以发展。

政府和公民团体通过在其建筑上使用屋顶雨水收集系统来提升认识、宣传信息。包括州长和州政府首席部长在内的政要,公开宣传雨水收集系统的益处,而且立刻引起了普通民众的关注。板球运动员、歌手和电影明星等公众人物也加入了宣传队伍。"不使用,要受罚"的提出有效地壮大了这支队伍。

雨水收集系统增加了饮用水安全卫生使用的便利性,并成为城市重要的新标志。雨水收集系统除了解决水资源的供需问题,每年还会为城市节省三到四亿卢比(rupee)的资金。通过安装这样的雨水收集系统,家庭原本在雨季向供水部门交付的水费和其他时间向私人经销商交付的水费都可以被节省下来。

地势低洼的洪涝区,不再是大雨滂沱后的受灾区而成为新的水源地。洪水可以通过简单的过滤装置引导渗入蓄水层。整个过程具有防旱和防洪的双重特性,对防止海水侵入起到的作用也十分明显。环保主义者和绿色组织向公众做出保证,2003年实施的这些改革措施会继续保持下去,并在每个雨季发挥其作用。

金奈采用的这项分散式供水系统(decentralized water supply systems)的设计范式,十分传统且具有针对性,可以同时满足家庭和社区对于供水管理系统的需求,这种模式不但减少了水资源的损耗,同时也节省了处理上下水时消耗的能源。分散化的集水和用水模式要比传统的集中式供水模式(centralized water supply systems)更加大众化和可持续。

雨水收集系统使金奈有了建立海水淡化厂之外的选择。对于正在考虑饮水规划与管理的所有大城市而言,通过民众参与来提供这样的服务是一种模式。而金奈作为一个先例和模式为其他具有相似挑战的城市提供了借鉴。其经验与措施是应对危机的典型回应。一座因缺乏饮用水和过度开发地下水而声名狼藉的城市，正通过由现场和社会效益创造的经济和环保的可持续性方案，向"饮水安全"工程迈进。

穆西里镇案例：废物就地处理（in situ waste management）

位于泰米尔纳德邦的小镇穆西里，不像金奈缺乏水资源，它拥有充足的水源，但却面临另一个问题：因找不到一种合适的污水处理方法而没有建立污水处理系统。但是，一种新型无水厕所在这里更加可行、有效。因此，分散式的排泄物处理系统（decentralized waste disposal systems）在这里被推广，这是一种比传统模式更加经济环保的系统。

传统的城市卫生设施的运转模式离不开大量的水。典型的城市污水系统用泵将固体和液体的排泄物（human waste）混入泥浆，然后运送到偏远的农村地区堆积处理。这种做法既不经济，还会引起生态危机，因为未经处理或部分处理的废物会污染河流，之后还需要再净化河水，既不经济也不环保。与此同时，城市厕所的使用者却是"冲完就忘"，在处理掉眼前的废物以后丝毫不顾此后带来的污染。

穆西里占地 15.6 平方千米，拥有 35 000 人口。35 000 人构成了 6 200 户家庭，其中 3 500 户使用化粪池式坑厕（septic tank latrines），1 200 户使用旱厕（浸出式坑厕，leach pit latrines），其余的家庭使用社区公共坑厕（community latrines），或者在村子周边随地解决。小镇位于考维利河畔，地形独特，拥有天然的纵横交错的排水与灌溉渠道，同时，由于靠近河流，地下水位较高，从坑厕里流出的排泄物通过开放的排水渠流入众多的灌溉渠，由于地下水距离地表很近，这些排泄物对地下水和井水造成了污染。

穆西里拥有充足的水资源，但却无法采用传统的排水系统，因此迫切需要寻找一种生态安全的卫生设施系统。受到当地无政府组织、国际环境问题科学委员会（SCOPE）和州政府的支持，当地开始试用一种分流尿液和就地烘干排泄物的处理模式，这种就地处理排泄物的模式获得了周围农村地区的支持。

为了使这种模式得以实施,穆西里镇与国际环境问题科学委员会对当前的卫生基础设施以及人们对卫生健康的认识水平进行了调查。调查的结果表明大多数家庭使用的是旱厕与化粪池坑厕,但他们并没有意识到这类厕所会对地下水和考维利河造成污染。其余很多人因社区公共厕所被废弃,不得不直接在户外排便。穆西里大部分的土地十分肥沃且用于农业耕种,因此没有荒地适合建设大型的污水处理系统。

潜在的压力是担忧任何"可接受的"用水系统都会对镇上包括饮用水在内的水源造成污染,因此需要大家普遍接受一种无水处理的概念。要实现大众认同,需要面对三个挑战。第一个挑战是说服镇民相信尽管便后需要用水进行冲洗,无水系统依旧可以用来处理粪便;第二个挑战是向镇民展示系统在生态和经济两方面的巨大潜力;第三个挑战是设计和建立符合镇民卫生习惯的公共厕所,使这种概念在家庭与社区中得到推广。

穆西里镇决定根据生态卫生系统模型来建造家庭和社区厕所。为了解决固体和液体排泄物的处理难题,分散式污水处理系统与固液排泄物管理计划同时展开。生态卫生系统(Eco San)模式通过对排泄物进行储藏、消毒及重新利用,增加了土壤肥力从而提高农业产量。将堆肥厕所(EcoSan compost toilets)的排泄物注入加固的浅坑中,进行粪便和尿液的分离,部分浅坑还配有储藏库。有些设计还会将回收的尿液混入冲洗用水。这种封闭循环模式(Closing the loop)简化了卫生设备以及水循环环节,并且在经济利益的刺激下,废物也被重新利用起来。生态卫生系统模式通过节水和减少污染达到了保护水资源的目的。对有机肥料的重新利用在提高农业产量的同时,降低了因水中细菌而引起感染的可能性。

基于2002年赞尼潘达村(Thanneerpandal village)训练中心的设计原型,穆西里设计出第一座家庭生态卫生系统模式的厕所(household-centred EcoSan toilet)。它采用二合一模式,尿液和冲洗水被收集到厕所外边的泥塘中,而粪便被收集到堆肥室里(图9.5)。这个成功范例使卡里帕拉姆村的曼格拉舍玛夫人建立了第一座私人家庭生态卫生系统模式厕所,附近大约170户家庭纷纷效仿她,建立了相似的厕所。

图 9.5
穆西里镇一座新建的
生态卫生厕所示例
来源：Sheela Nair

　　基于当地社区的反馈，生态卫生系统模式被重新设计成为一种三合一的模式，与印度流行的模式相一致，即便坑（drop hole）在中间，洗手池在后端，小便池在前端。冲洗水、尿液和粪便不再混合而是被分开收集。尿液和冲洗水被用于灌溉家里花园和社区农场里的蔬菜和花朵。

　　生态卫生系统模式是一种未被普及的创新项目，它的使用和维护具有独特性且不被人们熟悉，为了增加使用者和民选代表对它的认识，当地组织了一些工作。为了确保人们使用时的方便与舒适性，不同管线和隔间的用途以及蹲板的特性被反复地解释给民众。用当地的语言将注意事项写在了厕所的内墙上。社区的所有成员，特别是妇女自助组织，积极地参与进生态卫生厕所的规划、设计、建设、使用以及维护之中。

　　该项目对工匠也进行了强化训练。还为此推出了社区生态卫生堆肥厕所（ECCT）的建造模式和操作指南，用于指导该组织的成员和市政工作者学习其操作和维护的方法（图 9.6）。为确保堆肥厕所建成后的可持续性，国际环境问题科学委员会组织承担起了日常监督和社区协调的工作。家庭能够对使用情况进行评价，包括使用时的困难性，用灰、沙子来填埋粪便（Soil-based composting toilets）的可行性，无污染尿液正确的分流方法，以及使用简易系统过滤冲洗水后再浇灌花卉和蔬菜的要点。所有措施都需要严格地遵守，甚至为了宣传生态卫生厕所的使用维护方法，还组织了"选美"比赛。

在穆西里镇的基层调查中发现，由于两个社区厕所被废弃，很多人不得不在野外和河床上排便。因此穆西里镇决定在撒利尔街（Saliyar Street）建立一个社区生态堆肥厕所，这在印度可能也是首次。再次建设时，精心设计了厕所的尺寸、隔间的数量、输水的管道、尿液过滤层和收集箱、便池、使用说明以及生态卫生厕所的理念。在得知撒利尔街居民中潜在的厕所使用人数后，地区最高长官们（the District Collector of Tiruchi）对这项工程提供了大力的支持。

社区生态堆肥厕所是用砖砌成的，每个堆肥室都有 90 平方英尺（1 平方英尺＝0.092 903 04 平方米）。重新设计的三合一模式

图 9.6
穆西里镇一座建设中的
生态卫生厕所
来源：Sheela Nair

中,粪便在堆肥室里堆积并脱水,尿液被收集到室外的桶中。将冲洗水直接注入用香蕉树制成的过滤层里。这种颇具吸引力的厕所为了便于维护,地板和墙面采用了玻璃和瓷砖铺面。厕所内部并没有供水设备,只有一个能提供 4 升水的水箱和用于冲洗身体的水杯。用于覆盖粪便的灰储藏在隔间里的一个桶内。首个生态社区堆肥厕所分为男女两间,每一间都有七个隔间,并有专门为残疾人和老年人设计的便池。

除了学习这些经验之外,第二个社区生态堆肥厕所设在帕斯莱瑞路,并增加了一些附属设施和功能。例如,在女卫生间里增设了卫生巾处理系统和垃圾焚烧炉。在堆肥室还增加了玻璃观察口,方便观察脱水过程。为了避免直接接触阳光和形成结晶,增加了冲洗水和尿液管道的斜率及密封性。还在便池盖上加上了把手。

两个项目不仅是既环保又便宜的社区厕所,同时还能够利用回收排泄物带来额外的收益。预计在 2009 年,使用这种厕所的人数可达每天 1 000 人次(其中 70% 是女性)。项目还为人体排泄物用于农业有机肥料的研究提供了机会。用新鲜的尿液和烘干的粪便培育农作物 6 到 12 个月后会获得不错的收益,这促使市政府开始考虑为公厕的使用者付费。这一想法得到了州政府的大力支持,并在帕斯莱瑞路项目中,推出了世界首座不再是"付费,你使用"而是"使用,付你费"的公厕,并将此作为赠给社区的"新年礼物",于 2008 年 1 月 15 日正式实施,这意味着每次使用厕所的人将收到 0.1 卢比的奖励(图 9.7)。废物作为肥料被回收,体现出巨大的经济价值。尽管刚开始使用者被付钱时还觉得有些尴尬,但大家都喜欢这样的创意。

后来,哥印拜陀(Coimbatore)的泰米尔纳德邦农业大学(Tamil Nadu Agricultural University)发布了一份学术研究说明文件,研究在农作物上施用液态尿和脱水粪便堆肥的影响。实验结果表明,脱水粪便中病原体和 E 型杆菌的百分比为零,但是更多的实验还在进行,以确保建立可信的农业实践安全标准。该方法可应用于所有的有机物并可以扩展到家庭所产生的有机物,例如厨房垃圾、食余残渣都可以被储存起来进行堆肥循环使用,而不是与固体垃圾混合后倒掉。

穆西里镇模式启发了印度的城市边缘区和农村地区实施此举,尤其对于受海啸影响的东海岸地区,借鉴意义十分重大。因为在这些地区,高盐度含水层同样使得传统的卫生系统在生态方面

图 9.7
赛利亚街上的 ECCT
"使用,付你费"厕所
来源:Sheela Nair

遭遇困境。无论是城市的公共领域还是私人领域,穆西里镇的无水厕所都为城市的排污提供了一个全新的设计理念。

对城市社会规划者的挑战

城市的规划师、建筑师以及工程师都面临着一项重大的挑战(Sanitation challenges),那就是创造出更加经济且生态环保的卫生设施,例如引入节水或无水的人体排泄物处理系统,包括真空抽水马桶以及排泄物分离收集系统。这些设施最重要的价值就是对水资源的保护。人们可以获得更多无污染的淡水资源,同时可以有效阻止由于水运交通和处理人体排泄物而导致的疾病传播。

城市设计者必须同时考虑空间规划和工程规划,不论成本、气候如何变化,也不论地区经济是否发达,可以通过建立新型的供水系统以及卫生设施,来保持城市的可持续性。另一方面,在设计的过程中必须重视环境因素。对于城市规划师、建筑师和工程师而言,已经迎来了一个新的时代,他们所创造和分享的新设计在进入下一个千年时,应具有成本和投资效益、生态安全和环境可持续性的特点。

参考文献

Chennai City website. Online:www. chennai. tn. nic. in.

Metrowater (Chennai) website. Online:www. chennaimetowater. tn. nic. in.

可持续的萨凡纳

史考特·博伊尔斯顿

　　佐治亚州的萨凡纳市,目前并不能将其视为真正意义上的可持续城市。由于地理、历史、工业和价值观复杂的相互作用,该市承诺在自然条件、社会关系和经济发展方面包容不同观点,使这里成为一个思想碰撞的聚集地。本文将讨论我们熟知而且亟待解决的城市问题及其应对方法,诸如供水、汽车的过度使用和昂贵的房价等。

挑战:水、交通和住房

　　萨凡纳地区约有 13 万人口,现在依旧面临着一些历史、社会以及工业方面的问题。查塔姆(Chatham County)是佐治亚州工业化程度最高的县,作为美国第四大集装箱港口,拥有全美最快的发展速度。尽管萨凡纳的淡水储量丰富,但是整个东南部的高用水量加上历史性的干旱问题,导致淡水资源面临着污染以及海水入侵的威胁。另外,一项关于加深萨凡纳河道来容纳更大的商业船只的提议备受争议,有人认为这会将河水中的氧气比例降低到一个危险的水平,同时会加剧海水的入侵。与此同时,最近的另一项提议,即每天给位于水源上游的核电站和联邦核武器基地增加 1 200万加仑的摄水量,也同样使萨凡纳河的可用淡水量受到了威胁。核电站的排放量即使控制在法律规定范围内,也会使水位降低以后的萨凡纳河面临严峻的氚污染危机(Kronquest,2008)。

　　三郡聚集的都市区拥有 32 万居民,其中 73％的通勤者依靠小型汽车,与全国平均数持平,同时这也表明小型汽车的过度使用阻碍着美国的可持续发展。尽管越来越多的人支持步行和骑车,但仅有 5％ 的人选择使用公共交通,4％ 的人选择骑车或步行,另外有 3％ 的人在家工作。这里平均的通勤时间为 24 分钟,低于全国的平均水平。人口密度在 20 世纪 80 年代至 90 年代间,小幅降低后又开始增加,目前的人口密度大约为每平方英里 1 700 人。

在过去的十年里,萨凡纳市区的房价持续增长,迫使低收入家庭搬到更加偏远的地区,而那里的公交系统并不能满足使用需求。尽管失业率低于全国的平均水平,但是萨凡纳达到城市贫困线的人口却达到了 22％。市中心住房补贴政策仅能为低收入家庭提供大约 13 000 套住房。

在萨凡纳,很多中低收入的家庭不得不住在老旧房屋内,暴露在铅中毒的威胁之下。特别讽刺的是,正是由于萨凡纳整座城市中广泛分布的历史建筑,才吸引了众多旅游者。经过像哈拉姆贝之家(Harambee House)这样非营利组织的努力,联邦政府才于 2008 年开始拨款,组织超过 12 000 名的儿童进行免费体检,并制订方案解决铅中毒危机。

紧急建设项目

从 2005 年开始,一些保障性住房(affordable housing)发展计划陆续完成,这些住房通过公交系统与市中心相连。同时,计划于 2011 年建成一座规模达到 300 户的社区,并以南部协会(Southface Institutes)提出的可持续性为标准(Earthcraft sustainability standards)。该标准与绿色建筑评估体系 LEED 类似。这些再开发项目产生了大量的建筑垃圾,很多设计师、艺术家、建筑师和普通市民由此产生了对建筑垃圾大规模回收利用的想法。"紧急建设项目"(Emergent Structures Project)不仅回收了二战时期的 210 幢解构主义房屋的建筑材料,同时也试图在这个过程中改善社会关系。尽管项目的主要目标是对所有的建筑进行保护和修复而非拆除,但是城市已经启动了新建行动。

在非营利组织、政府机构、当地企业和社会活动家,以及萨凡纳艺术与设计学院(Savannah College of Art and Design,SCAD)

的文物保护、工业设计、设计管理、可持续设计和建筑学专业学生的通力合作下，2010 年和 2011 年初，废弃的建筑材料（building materials）被回收并赠给需要的人。在回收利用及分发材料的过程中，通过实地考察、采访以及工程的影像文件，来记录废物创造性的利用。除此之外，还利用回收的废弃物所创作的产品和构筑物，举办了画展与摄影展。期间还对社区工作展开讨论，讨论包括减少材料浪费、开发材料适应性的途径、开展最佳实践以及从案例研究中获得灵感。

更大规模的拆迁和整修项目也同样得到了发展，包括为纪念美国女童子军成立一百周年而建造的生态村庄，以及为蒙特梭利特许学校（Montessori charter school）建造的校园。尽管本文呈现的内容仅仅代表着一个相对合理的标准，不过"紧急建设项目"展示了萨凡纳不断高涨的创新合作精神。这座城市不断地吸引具有创造性思维的问题解决者，他们致力于通过基层的创新合作来完成城市的转型。

斯塔兰设计街区

斯塔兰设计街区坐落在历史街区的正南方。半个世纪以来，这一区域一直是无人区，富有的萨凡纳人从未发现其价值。到了 20 世纪 90 年代末，这里一半的房子不是被废弃就是被拆除。格雷·雅各布斯（Greg Jacobs）和约翰·德瑞克（John Deaderick）毕业于萨凡纳艺术与设计学院的历史建筑保护系（SCAD's Historic Preservation Department），他们在 1999 年开始着手保护早期斯塔兰乳品厂（Starland Dairy）的建筑群，希望对这些废弃的工业建筑进行改造，然后用作当地艺术家的工作室。格雷·雅各布和约翰·德瑞克已经通过就地取材的方法改造了无数废弃的房屋，材料的循环使用率（recycling）达到了 85%（图 10.1）。在建造斯塔兰 LOFTS 项目（一个经过 LEED 认证的 32 户的公寓项目）的过程中，格雷和约翰与一家离这里仅 7 英里（1 英里＝1.609 344 千米）远的桥梁公司进行合作，提倡使用一种后工业化的高密度水泥混合物替代包括防水层、内部材料和隔离层在内的墙体材料。这一地区的持续复苏,吸引了多元人口回巢社区,并且建立了很多少数民族企业。

萨凡纳原有的总体规划能够有效避免类似于美国 20 世纪中叶所遭受的汽车萧条危机,之后的混合使用发展项目在历史保护区东部开展,这更激发了萨凡纳规划的野心。该项目将河岸边的 54 英亩(1 英亩=4 046.86 平方米)工业用地中的 40％保留下来作为公共空间,其中还包括一条 2 000 英尺的滨河步道以及 6 个新建的公共广场。

2007 年,在离这里不到一英里的另一个项目中,土地被利用起来,大约 45 万立方英尺(1 立方英尺=0.028 317 立方米)的土被运

图 10.1

斯塔兰 LOFTS 公寓项目

图片:Scott Boylston

到这里用于平整土地,使该地六个最早修建的广场之一,重新融入城市肌理之中。在 20 世纪 50 年代,幸运的是没有按照一个毫无远见的决定将城市的开放空间改造为三层的停车楼,项目目标是将其重新融入城市的肌理之中。埃利斯广场(Ellis Square),这个重生的城市广场建在一个地下停车场之上,它开凿于这片开放空间,并为新发展的区域提供了土地。

LEED 工程

可持续的费尔伍德(Fellwood)位于历史街区的正西侧,在 2008 年夏天破土动工,并于 2009 年初完成一期工程(图 10.2)。项目用地 27 英亩,包含 220 所公共住宅、100 所老年住宅以及 10 栋独户住宅。可持续的费尔伍德(sustainable Fellwood)是 LEED 社区发展试点项目,也是绿色建筑认证试点社区(Earthcraft community)中的一个部分。同时它还是佐治亚州第一个公共住房项目,项目遵循"精明增长原则"(Smart Growth Network),建成多样性、可步行、有特色的社区。

其他值得关注的可持续发展项目包括 LEED 认证的蛙镇公寓(Frogtown condominiums)(图 10.3),以及全国第一座 LEED 认

图 10.2

蛙镇透视图

来源:Developer Melaver, Inc.,Architects Lott Barber

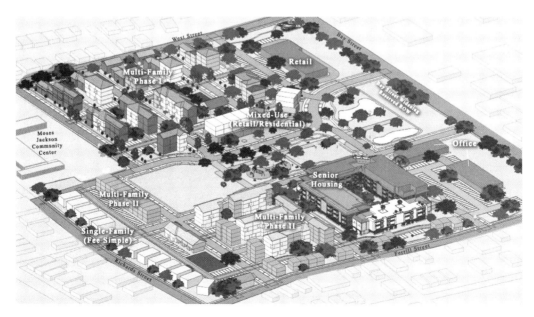

图 10.3

蛙镇

图片：Scott Boylston

证的零售中心。在查塔姆还有一些更为著名的 LEED 认证的建筑，如全世界第一座 LEED 认证的麦当劳、一座 5 万平方英尺的公共图书馆、5.2 万平方英尺的私立小学以及 1.1 万平方英尺的海洋与海岸科学研究及教学中心（Marine and Coastal Science Research and Instructional Center）。仅仅在过去的两年里，城市中 LEED 认证的专家人数翻了一番，而 LEED 认证的建筑数量是过去的三倍。

在可持续重新利用历史建筑的工作中，一个独立机构——萨凡纳艺术与设计学院做出了突出贡献。1979 年，在大约建成于 1892 年的萨凡纳义勇军兵工厂（Savannah Volunteer Guard Armory）内（图 10.4），萨凡纳艺术与设计学院开设了第一节课。学校建成的同年，这些翻修的建筑获得了萨凡纳历史基金会（Savannah Historic Foundation）颁发的历史保护奖。自从第一次获奖之后，萨凡纳艺术和设计学院就一直致力对萨凡纳历史保护区中 18 和 19 世纪建筑的改造，因而又获得了美国国家历史保护信托基金（National Trust for Historic Preservation）、国际装饰艺术协会（International Art Deco Society）、美国建筑师协会（American Institute of Architects）、国际都市协会（International Downtown Association）、美国维多利亚协会（Victorian Society of America）以及

图 10.4

波尔特会堂 (Poetter Hall)

图片：Scott Boylston

其他很多组织颁发的奖项 (Pinkerton and Burke，2004:8)。最近学院凭借持续的城市更新和对历史遗产的重新利用，获得了由国际时尚集团 (Fashion Group International) 授予的 2009 年度可持续发展奖。

从 1979 年最初对兵工厂的修复到今天对全城 200 万平方英尺综合校园空间的营造 (图 10.5)，萨凡纳艺术与设计学院一直投身于这项受人尊重的历史建筑重新利用 (historic buildings re-use of) 运动中。这种保护性的开发利用，加上每年超过 1.2 亿美元的劳动收入以及创造性活力思想的产出，为萨凡纳迈向 21 世纪可持续城市做出了巨大的贡献。始建于 1856 年的一座火车仓库即将被改造为学院的艺术博物馆，这是全城美国黑人艺术收藏量 (collections of African American) 最丰富的地方之一，同时沃尔特·埃文斯美国黑人研究中心 (the Walter O. Evans Center for African American studies) 以及 LEED 认证中心也将在这里成立。另外，一座始建于 1922 年，坐落在复苏后的萨凡纳设计街区中心的废弃公立学校，在翻修后，获得了 LEED 认证。将历史建筑进行改造用于新用途的同时，学院还在 1986 年购买了萨凡纳的第一座黑人公立学校——海滩学院 (the Beach Institute)，并在改造之后将其捐

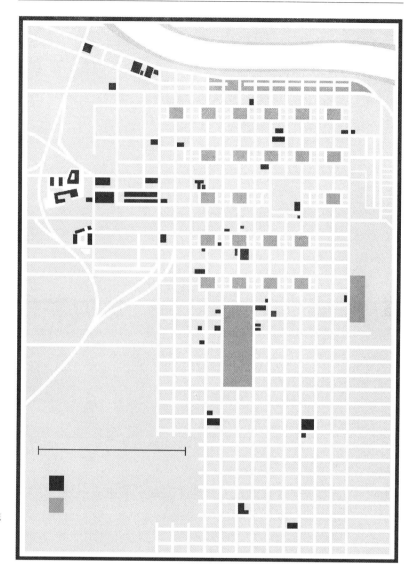

图 10.5
萨凡纳艺术与设计学院
建筑分布
来源：Scott Boylston

给了一个致力于保护美国黑人历史的非营利组织——金·提斯德尔小屋基金会（King－Tisdell Cottage Foundation）。

　　萨凡纳是国际地方环境促进委员会（International Council for Local Environmental Initiatives）的成员，并在 2009 年早期完成了综合排放清单（all-encompassing emissions inventory）的整理工作。这座城市因其为佐治亚州可持续发展（Partnership for a Sustainable Georgia）所做的贡献，成为佐治亚州首个被授予"青铜级别合作伙伴"的城市，此项荣誉来自国家资助的环境领导主动性志愿者组织(voluntary environmental leadership initiative)。萨凡纳一直致力于可持续发展领域,包括让所有新建的城市建筑都达到甚至超过 LEED 所要求的标准,并顺利实现了 50% 的城市绿地覆盖率目标,目前在进行城市步行道和自行车道的修缮项目,并将把超过 7 000 个的交通灯换成 LED 信号灯,还配置了一个新型的高效信息技术数据中心。在过去的几年里,萨凡纳将输水系统的漏水点从平均每英里 7 个减少到每英里不到 1 个,另一项正在进行的行动就是为低收入居民提供 3 500 座节水厕所。其他的行动还包括建立一个零废品区(zero-waste zone)、一个太阳能循环及教育中心,同时提供一些环保工作培训以及制定清洁能源运输的复苏法案(Recovery Act programmes)。

查塔姆区域交通部门(Chatham Area Transit)购买了 11 辆混合动力公交车,同时还改装了一辆来自墨尔本的电车,安装了生化柴油混合动力引擎,这种引擎以当地饭店的废植物油为燃料。这辆电车的线路与 30 年前那辆氯化钛货运列车是一样的,它的使用大大降低了这个高密度旅游区对私家车的需求。另外查塔姆区域交通部门还计划将电车系统延伸到正在发展的公共联合运输系统中,并沿着西部城市的边缘发展,更好地为当地劳工服务。

这一延伸项目将与萨凡纳西部主要通道的复苏计划——马丁·路德·金快车道(Martin Luther King Jr Drive)同时进行。马丁·路德·金快车道作为美国黑人和犹太人社区的中心,是萨凡纳的第一条铺装街道,并曾经一度繁荣。但在 20 世纪 60 年代,由于城市复兴计划中追求超大街区尺度,使整个街道和城市肌理遭到了破坏。现在,沿着这条街道的各种项目已经开始进行了,并由上文提到的蛙镇公寓的开发者进行开发,他们的斯塔德地区复兴计划也已经完成。沃尔特·埃文斯(Walter O. Evans)是一个在萨凡纳出生的美国黑人慈善家,上文提到的萨凡纳艺术与设计学院中美国黑人研究中心就是以他的名字命名的。他最近买下了三个街区的废弃房屋和沿着马丁·路德·金快车道的部分空地,用以开发一种有着混合使用功能、适合不同收入人群并通过 LEED 认证的社区。

查塔姆县也同样投身于可持续发展的创新活动中,它通过了一项决议,要求查塔姆环境论坛(Chatham Environmental Forum,

CEF)制订一个综合规划,使其成为佐治亚州最生态环保的县。并于 2008 年末完成了 CEF 生态规划,这个规划明确包括了七个方面的行动要点:绿地/土地使用、固体废物、水管理、气候变化、能源、创新性基础设施和交通。在查塔姆县政府启动这个规划之后,萨凡纳市政府紧随其后也开始推进这项规划,在地方政府部门之间产生了一种罕见的默契。

其他值得一提的创新项目还包括州立非营利组织——赫蒂基金会先进材料研发中心(Herty Foundation Advanced Materials Development Center),该中心对松树副产品商业应用的研发已开展了 70 年。依靠美国能源部投资的 7 600 万美元和大量的松树副产品,赫蒂决心建成美国首个在满负荷运转下,一年能够生产 1 亿加仑纤维素乙醇的工厂。纤维素乙醇这种生物燃料(biofuel)的原材料是农业废物,因此它的产品不会像第一代生物燃料玉米乙醇一样对食物源造成负面影响。

总结

萨凡纳可持续的实现基础在于它最初的组织模式:奥格尔索普将军(General Oglethorpe)最初制订的城市规划是将城市的公共空间沿着城市脉络均匀地分布在城市之中,而这种模式沿用至今。正是这种模式所实现的自然美、人体尺度以及文脉的延续构筑了萨凡纳可持续的基础,也吸引了许多与时俱进、富有创造精神的人来到这里。逐渐地,整体的环境文化和社会公平思维模式作为城市的运作形式开始出现,而且这一越来越明显的趋势又吸引了更多信奉这一哲学思维的人。这个时代迫切需要一个可持续生活的典范,这或许就是这个美国南部小城为世界所知的原因。

参考文献

Kronquest, S. (2008) 'Drink or Swim?' *The South Magazine* 13 (February/March): 130-134.

Pinkerton, C.C. and Burke, M. (2004) *The Savannah College of Art and Design: Restoration of an Architectural Heritage*, Chicago: Arcadia Books.

生态城市
向宜居城市逐步迈进

保罗·道顿

    近年来，"可持续"常被人们津津乐道，成为几乎每个设计为了顺应时代而必须具备的属性。最新的建筑和城市设计，大部分都以"绿色"来描述自己。然而它们的设计者却缺少一个认识论框架（epistemological framework）来准确传达他们所想表达的可持续性和"绿色"概念。目前，有很多介绍实现可持续技巧和技术方法的文章、指南还有设计课程，但却没有一套严谨的综合理论来论证这些方法的可行性。因为，对于"可行"的定义目前尚未达成共识。对于可持续问题，我们如果仅仅用典型的建筑和规划知识来解释，将自然环境当作是一个无生命的背景加以设计，而忽略其作为一个包含着设计本身的生命系统，往往只能得到一种肤浅的分析和综合。被视为建筑文化英雄的勒·柯布西耶（Le Corbusier）便是一位典型的"绿色"建筑师，他认为城市是"对自然的战胜"。这种所谓的修正主义混淆了人们以恰当的生态学视角来理解建成环境（Farmer and Richardson,1996）。

    柏克兰（Birkeland,2008）做出了一项重大贡献，他讨论的"积极发展"（positive development）模式超越了典型的可持续发展模式，创造出了纯粹的积极生态和社会效应。从某种程度上来说，这种方式与正在发展的"生态城市"（ecopolis）概念并行不悖，在生态城市的概念中，建筑与城市建造的最终目的在于强化其生态进程作用，使得人类的社会和文化得以生存和发展，从而更好地维系生命的延续。

这一模式存在的基础就是将城市看作一个生态系统,同时将人工环境作为一个生命系统进行设计。

我的观点是,以适应性反应观点(ideas of adaptive response)、传统知识以及液态流行文化(the fluid forms of popular culture)连通性为基础,建立一种控制论方法(cybernetic approach),为认识论(epistemology)提供依据,而认识论则将建筑学、城市学、生态学以及生命科学更加紧密地联系在一起。建筑和规划的理念应该嵌入生态的框架下,以便整合当下分散的知识内容。分散知识(dispersed knowledge)是区域主义(regionalism)的核心方法,它为建筑建造与其本身的生态文化、物质景观的整合提供途径(Downton,2009:15)(图 11.1)。

最近几年,有很多研究者对"城市生态"(urban ecology)这一主题进行研究并发表多篇论文,例如 20 世纪初英国的格迪斯(Geddes,1915),澳大利亚的博伊登等(Boyden et al.,1981)和史蒂芬·博伊登(Stephen Boyden,2004),英国的道格拉斯(Douglas,1983)和美国的霍夫(Hough,1995),这些研究跨越不同时间段,研究地点遍及全球。关于城市建造、生态系统、区域主义和建筑学领域的有力观点已经存在了数十年。然而,即使后来开拓工作不断展开,但几乎没有针对人造环境在生态方面运作情况的高质量研究,例如对人工环境作为生命系统运作时不可或缺的功能

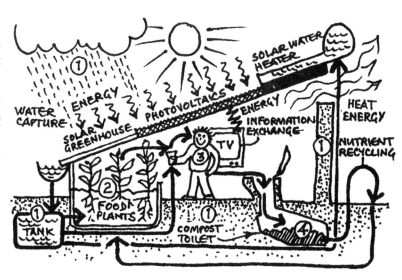

图 11.1

生态建筑要点:(1)非生物要素:基本元素和环境化合物;(2)生产者:自养型生物;(3)消费者/大型消费者:异养型生物;(4)微型消费者:异养生物,主要是细菌和真菌,将废物分解为简单的无机物

来源:Paul Downton

性研究。将世界看作一个生命系统并用于指导实践,需要系统的知识,将设计和个人、社会还有自然的需求联系在一起。在考虑单个建筑、社会动态或者自然空间需求的问题时,我们会发现这些问题的核心都是城市化。

城市化是人工系统对自然生态系统的有效置换(Dansereau, 1957:263)。除非经过特殊的训练,现代人类已经无法离开庇护所(shelter)而生存下去。庇护所,也就是建筑环境,这种所谓的人类最原始的文化产物是用来帮助身体来适应气候使其能够有效地工作,如果没有它,人类就不可能将后代抚养长大。因此,定居是人类文明发展的先决条件。尽管我们知道大多数建筑在能源、水、资源的使用方面表现不尽如人意,它们的建造甚至会破坏自然生态环境,即便如此,我们仍缺少对建筑和城市建设的可行性评估。

我们的人工环境形式其实是一种社会行为的表现。就像我们人类是一种群居的社会生物,因此我们最早的庇护所几乎都是以聚落形式建造的,通过这种方式我们可以控制更多的土地(territorial control),这些土地可以哺育我们,为我们提供食物、水还有制作工具的资源。这是一个城市的基础。所有这些人工环境不仅仅是一种意识行为的结果。就像芒福德提醒我们的,"所有人类城市的复杂技术在自然界中都有例可循",海狸和白蚁同我们一样也会进行殖民活动,从人类开始殖民的那时起就产生了"有意识的对环境的重塑活动"(Mumford,1961:6)(图11.2)。

城市的目的自始至终都是为了控制土地,让里面的居民丰衣足食,保护他们不受外界和敌人的侵扰。而城市文化的前进方向则取决于生物物理限制(biophysical limits)。如果当地石材资源丰富并且易于开采,那么石头将会被载入城市历史中,铸就石器文化;而以木材铸就的森林文化,会将树木作为崇敬的对象;同样地,沿海地区孕育的是海洋文化。对领土的控制,包括对领土内资源的控制,主要是为了城市长远的利益。但是最后一旦资源短缺,城市不可避免地会去扩张领土,这样就产生了殖民活动。城市对土地进行集体性控制的现象现已遍布全球。城市化直接导致了臭氧层的破坏和气候的变化,而工业化更是加剧了这种现象。

所有生命体都有生命周期。城市是一个生命系统,也是一个

图 11.2
纸巢黄蜂的蜂巢:这种
蜂无法在没有蜂巢的情
况下生殖和存活
图片:Paul Downton

有机体,这一论断被生命科学这门学科,特别是其中詹姆斯·拉伍
洛克(James Lovelock,1991)和林恩·马古利斯(Lynn Margulis,
1975)的"盖亚"假说(Gaian hypotheses)所支持。城市不论是在空
间和时间上都有清晰的界限,同时还具有自己的生命周期。马尼
亚吉(Magnaghi,2005:3)采用有机比较的方法,讨论了生命系统和
有机组织意义下的人类聚居地(human settlement),并且将它称作
是"新生态系统"(neoecosystem),定义为"人类社会和自然界之外
的另一种生命系统"。城市不是一个虚拟的生命,它提供了足够的
证据以证明它是鲜活的。有人类居住的城市(inhabited cities)是
一个生命系统,有着生物体的特性。

　　"城市是种生物体"(city as organism)是一种形象的比喻,但
是"城市是生态系统"(city as ecosystem)就不算是个比喻了,而是
一种恰当的有科学依据的描述。城市是一种人造设施,是一种将
有生命的和无生命的元素融入一体的生命系统,是人类生理活动
的延续(a physiological extension of our species)。只有有人居住
时,城市才是有生命的。考古学家通过尸体的状态和处理方式推

断出死城(dead cities)里居民之前的生活状态。而通过分析城市周围的景观环境,可以发现很多城市的存在方式及其腹地所受的影响。

城市是容纳各式各样生命的系统,其中最活跃的便是人类。"城市这个生物体拥有并重塑了生物圈中所有的化学过程……同时也是一种随时间成长的最强大的地质力量(geological force)"(Vernadsky,引自 Lapo,1982:113)。生命的周期在不断地循环,这个星球的物质成分经历了迁移(transport)、精炼(refine)、矿化(transform the minerals),而后又会从大气层和岩石圈中回到生物圈。通过生物活动(biological activity),生物体为了自己的生存不断地消耗地球资源。这种活动的规模令人震惊:地球上的植被每年形成的矿产总量相当于大多数的元素经过数百万年的地质活动在岩石圈累积的储量(Lapo,1982:99)。人类活动是特殊地球生物的化学活动(biogeochemical activity),它是在有机体有意识的指导下进行的。城市就是一种生命变革力量的集中体现,同时也是我们最先进的改造土地的工具。作为当前生物地球化学活动的主导者,人类加速了这种运动,特别是碳循环活动。我们不仅通过传统的挖掘方法,也通过操控有机体的活动,例如,饲养数十亿头牛,将化学物质和循环物质从生物圈抽离出来。作为生物圈运行完整的一部分,人类加快了对地球的改造速度。这种加速物质转化的直接原因是我们尝试发明创造出了不存在于自然界的工具和方法。我们改造世界的能力在不断地增强,因为我们能够把设想化为行动,我们改造地球的速度与对生物圈研究的科学水平的增长速度是相一致的。

简而言之,城市不是像一个生命系统,它就是一个生命系统。人类文明不是像自然之作,而就是自然之作。人类生活、工作在社会和文明之中,不断增强着自身的能力,不断地进化,通过集体的智慧,令我们能够移动山脉、坝阻河水、平整森林、重塑地球。通过这些过程,我们加速了气候变化、自然变化的进程,甚至其他的物种已经无法适应这种变化。正如史蒂芬·博伊登(Stephen Boyden,2004)提醒我们的,我们有推动自然的力量,同时我们也是自然的一员。因此,人类现在面对的挑战是去理解如何创造性而非毁灭性地运用我们的力量,我们所建设的人工环境要融入这个星球而非统治它。这也就是"可持续性"和"绿色"所要做到的。

里斯认为在环境危机的背景下,城市的高消耗性反映出了一种"新的生态现实"(Rees,1998:3),而环境危机的根源又在于人类的文化价值观(Rees,1998:6)。值得我们反思的是,那些价值观同时又能让我们对全球环境的状况做出一些回应(例如,1987年的蒙特利尔议定书,1992年联合国"地球峰会"以及1997年的京都议定书)。在人工环境中,我们的文化可以被看成是对气候做出的回应,为了应对气候问题,能源高效使用的设计变得更加成熟(Szokolay,1987),建筑师和城市专家也开始意识到需要将目光放到建筑单体之外(Szokolay,1989:90)。

拉伍洛克(1991:50)将生态系统描述成为一种"稳定的、自循环系统,由有生命的有机体和无生命的物质环境组成",他认为,"盖亚生态系统(Gaian ecosystem)有两个组成部分,分别是有生命部分和无生命部分,它们是密切相关的两股力量,并相互影响"。这样,对于城市和建筑来说,其中是否有人居住就产生了区别。当无人居住时,城市和建筑是无生命的,以人造的形式处于静止状态;而当有人居住时,它们就会充满生机,才成为所谓的"建筑"或"城市"。这一差别可以用来说明建筑学、城市设计以及城市规划的传统模式和生态模式之间的区别。生态建筑不只是简单的安装太阳能板、进行低碳建设等技术性手段,只有当它被人使用而充满生机时,它才是真实存在的。同样,仅仅是采用了雨水收集系统和再生能源系统等的城市也不叫作生态城市。城市不只是建筑的组合体,城市需要人的居住才能延续它的存在。无人的建筑(当它们作为特色建筑而被登在杂志和宣传图片上时),仍然可以被当作艺术品而具有吸引力,但是对城市而言,如果不知道谁在这里居住过,对于考古学家来说,这样的"死城"便没有意义。

优秀的城市化著作会反映出这一差别。扬·盖尔(Gehl)的《交往与空间》(*Life Between Buildings*,1987)就是一个很好的例子,他所关注的是"我们日常的生活以及周围各式各样的空间",就这一点而言,芒福德是最早展开这方面研究的。使用中的城市与闲置的城市是有区别的,这一观点反映了作为生活空间的城市(ci-

vitas—具有功能和文化的实体)与作为物质空间的城市(urbs——
物质实体)之间的区别。道格拉斯(Douglas,1983:2)说过,"城市
自古以来就被认为是一种政治概念,而城市中的任何一项生物物
理研究都不能脱离这个概念。"如果将城市生活局限为单纯的消费
活动,那么便是否认城市的政治属性,但我们的城市却正在陷入这
种误区,建筑被孤立地当成一种产品,城市在规划设计的过程中也
忽视了它的功能和文化属性。环境问题和城市管理长久以来就是
密不可分的。道格拉斯(1983:2)论证了这一点,"城市的政策常常
是为了更好地管理生活中的日常事物,而做出的调整和重组,例如
水、交通等"。像布克钦(Bookchin,1995)一样的理论家认为,社会
的变革最好直接通过公民的行动提出和发动起来,而不是通过集
权机构。为了应对环境问题而产生的城市物质形态变革,既可能
是社会变革的催化剂也可能是社会变革的成果。

　　就像白蚁所筑的土丘一样,建筑和城市只有被居民占用时才
是一个生命系统。将人工环境看作一个生命系统概念并在设计和
运作它时,需要将其中的居民、使用者及市民当作这个系统中不可
或缺的一部分,他们作为系统的组成部分给予了这个系统生命。
这一点意义深远,至少它意味着,"整体社区"(communities)设计
是由一个个单独的社区组成。下面是针对这一方法的城市案例研
究,该案例中的城市位于南澳大利亚。

克里斯蒂·沃克:小试牛刀

　　敢于尝试挑战的精神使得克里斯蒂·沃克这个项目得以实
现,它创造了一项少有的,能在世界范围内对于可持续城市发展都
适用的社区主导项目(Farr,2008:229)(图11.3)。

　　每一个城市项目的论证和社会的变革(social change)都是社
会实验。这些项目常常被当成是它们所寻求的更广阔蓝图的一个
缩影。这里的它们,我称作是"城市分形"(urban fractal)。"生态
城市"议题中指出城市分形是"一种能够为催化城市变革提供方法
的展示项目",进一步来说:

图 11.3

克里斯蒂·沃克的屋顶
花园：一个人造的生命
系统，依赖于并供给其
居民与使用者

图片：Paul Downton

（1）城市建设过程中的变革可以通过"部分生态城市"（pieces of Ecopolis）的示范项目来进行催化。

（2）由人际关系所构成的居住系统作为"文化分形"（cultural fractal）的一部分能够展示出更加广阔的文化基本特质。

（3）可以通过展示我们拥有的文化分形产物所体现出来的基本文化特点对文化变革进行催化。

（4）"城市分形"是一种网络，它包含更大规模的城市网络所具有的基本特征。每一个分形都有节点或是中心以及能够确定其结构和组织形式的联系模式，并且还能够体现与居住活动相关的社区特点。每一个分形都是一种特殊形式的文化分形（Downton，2009：27）。

社区能源（Community energy）

在人工环境是一个生命系统的理念下，在南澳大利亚阿德莱德中部，人们通过"克里斯蒂·沃克"的发展，开始尝试创造这种局部的"城市分形"。"克里斯蒂·沃克应用了多种节能减排技术和可持续发展理念，同时强调了社会凝聚力与社会间的协调，以确保其成为真正的独一无二的创新型可持续发展项目"（Burke，2004：24）。

克里斯蒂·沃克始建于 1999 年,2007 年完成并投入使用,占地 2 000 平方米,设计容纳 80 人(每公顷容纳 400 人),完成时能够容纳 42 人(每公顷 210 人)。基地与惠特莫尔广场(Whitmore Square)相邻,那里位于土地混合使用程度最高、最贫困、自我文化意识(culturally self-conscious)最薄弱的核心地区,但可能也是阿德莱德市文化最多元的地方。这样一个中等开发密度的项目,力求实现的目标是,不但要营造能源高效利用、健康的环境以及达到较高的生态标准,同时还要坚持公众参与和道德建设并且符合当地文化背景,这个项目是由生态澳大利亚(Urban Ecology Australia,UEA)协助开发的,该非营利组织创建了城市生态中心(Centre for Urban Ecology),自 1993 年起便一直基于社区邻里进行工作。

"项目从一开始就是行动者导向,整个小组共同致力于'生态城市'愿景,克里斯蒂·沃克正在开创南澳大利亚可持续发展城镇化的未来"(Farr,2008:226)。克里斯蒂·沃克是一种共同住宅的发展模式(co-housing development),配备了完善的基础设施,并由居民进行组织和管理(McCamant,Durrett,1988:16)。克里斯蒂·沃克作为生态城市的模式、规划和提案的一个缩影,展示了城市分形可能的最小规模,一个城市分形内应包括大量的居住、社区以及商业设施,这些设施能够反映社会与经济动态、建筑形式以及为了将城市建设成一个生命系统所采用的技术特征(图 11.4)。

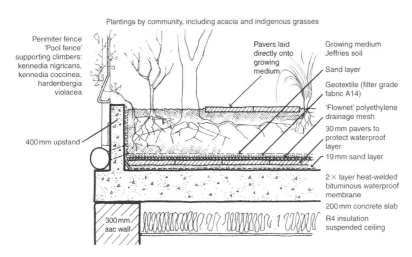

图 11.4
集中式屋顶花园剖面图
来源:Paul Downton

研究与教育(Research and education)

克里斯蒂·沃克成功地被设计成为具有教育意义的模式。

(Farr，2008：229)

克里斯蒂·沃克是一个研究发展项目(research and development project)。它包含一个由生态澳大利亚(UEA)组织运作的具有示范作用的小型城市生态中心，该中心用于教育活动以及对项目的解释说明。数以千计的人来这里参观，了解可持续发展模式以及生命系统对于城市环境的重要性，以及社区营造在实现可持续发展目标中发挥的作用。

组织和设计策略(Organization and design strategy)

克里斯蒂·沃克的设计者们——一个由热心市民利用业余时间组成的团体——将它设想成大型城市项目的精华版，因此将所有优秀的可持续设计中的重要元素纳入其中。

(Farr，2008：226)

克里斯蒂·沃克项目的组织安排和传统的开发项目比起来是不寻常的。它采用了广泛的社区合作管理以及非营利使用方式，并招募志愿者参与到设计、开发和建设活动中去(图11.5)。

项目总体的设计策略是像生命系统一样去应对多变的自然能量(flux of natural energy)，即遵循顺应自然的设计原则来进行设计。生动的景观穿插于整个项目之中，集中的屋顶花园将建筑景观与社区和自然景观系统联系在一起，多产的同时还增加了居住的舒适性。人类通过持续地对场所进行营造使得城市环境变得具有历史感。克里斯蒂·沃克的一个核心设计观点便是加快这一进程。居民们被鼓励在城市中留下自己的印记，产生"瞬时的历史"(instant patina)。人们的生活，是构成大地景观的基本元素，实际上也是在微观层面上对城市进行设计与规划，居民的参与引起了社会对于这个进程的关注，反过来，也丰富了居民参与的体验，使我们生活的地方成为一个真实的生命系统(图11.6)。

"克里斯蒂·沃克基本原则之一是成为一个真正为社区开展的可持续发展项目，而不是成为某些独自享有特权的地区"(Farr，2007：226)。由 UEA 创办的维瑞南德(Wirranendi)合作发展公司是它的委托人。初期，这个社区发展项目依赖于志愿者的努力。

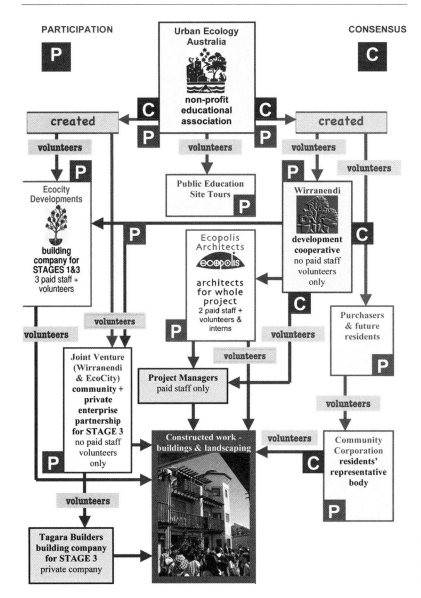

图 11.5
克里斯蒂·沃克组织图
来源：Paul Downton

这样的发展模式使得项目能够承受延期和个体的错误，并继续进展下去，但是传统的发展模式可能会因此导致项目终止或是被改得面目全非。这也正是"生命系统"（living systems）的另一个强大之处，它依靠的是整个社区的能力而非那张脆弱的法律合同。

　　这个项目证明，通过这种方式来设计和建造可持续的人工环境，能够应对大多数环境问题，而实现这个目标，离不开社会的可持续发展、社区运动的支持以及对舒适场所的营造。将"社区"

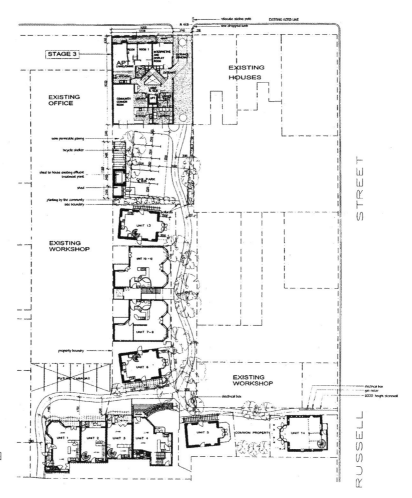

图 11.6

克里斯蒂·沃克平面图

来源：Paul Downton

（community）和"商业"（commercial）融合在一起是克里斯蒂·沃克项目的标志，一些设计者总是希望在项目中实现个人意愿，但这却不是其他人希望看到的。

认知（Awareness）

社区项目坐落于距离中心商务区五分钟步行距离的市中心，希望通过这样一个小规模的"生态城市"（eco-city）示范，从感官及活动方面，增强人们对生态城市的认知度，让人们感受到生态社区其实就在我们身边。这一目标的实现使得整个项目对于提升当地乃至国际上对于生态城市的意识都有帮助，而且会在全球的可持续城市化示范教程中占据一席之地。这种认知模式已经应用于消费者的认知项目以及院校到大学的各类教育机构之中。

观察和评估都显示出克里斯蒂·沃克在能源使用方面表现出色。一些研究数据至少可以证明,将自然空间融入社区之中可以改善环境品质、能源和资源使用效率,包括再循环率和认识水平。

南澳大利亚大学(University of South Australia)研究所的莫妮卡·奥利芬特(Monica Oliphant)副教授就阿德莱德的克里斯蒂·沃克住房计划做了一个报告,证实了那里的居民和造访者注意到的情况。那些漂亮舒适的住房的确节能环保,能够阻止大量温室气体对地球进行破坏,并为其住户每年节省数百美元的电费(Oliphant,2004)(图 11.7)。

丹尼尔(Daniell,2005)的研究得出一个结论,建筑和基础设施对于实现可持续发展具有显著成效,就像是一个驾驶技术极差的人驾驶一辆节能汽车,这种行为所带来的燃油经济性要比驾驶一辆"油老虎"好得多:"这个结果说明就算居民环保意识差,但克里斯蒂·沃克的基础设施也能降低因居民行为不当所引起的损失,相同行为下,他们所造成的损失低于多数阿德莱德(Adelaide)人所造成损失的 50%。"

克里斯蒂·沃克的城市分形

克里斯蒂·沃克是一项有突破性的发展模式,我们受益匪浅。

(Lou de Leeuw,引自 Stott 2007)

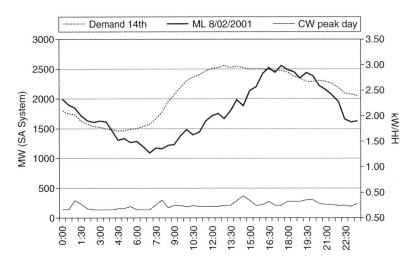

图 11.7
每日用电峰值:克里斯蒂·沃克、莫森湖和南澳大利亚平均用电值比较

来源:Monica Oliphant,2004

可持续发展专家丹尼尔·麦卡特尼（Danielle McCartney）引用克里斯蒂·沃克作为一种混合密度的社区开发项目来证明在城市中心可以创造出可持续的居住环境，并赞扬了其对社区所做出的贡献（McLeod，2004：36）。

即使是经济资源匮乏的地方也会有人居住。因此通过志愿行动，人们可以为社区建设贡献出宝贵的力量，这是通过金钱交易所做不到的。并且从生态城市的角度来看，这种在建设过程中贡献体力劳动的志愿行动是可持续的，因为使用人工劳动力既不增加能源消耗的成本又十分有效（表 11.1）。

表 11.1　克里斯蒂·沃克与传统发展模式对比（基于实际项目）（来源：Paul Downton）

	传统发展模式	克里斯蒂·沃克
基地面积	2 000 m²（平方米）	2 000 m²
居民数量	24	27
生产性景观	200 m²	700 m²
生产性屋顶	没有	170 m²
资源节约，包括回收和重新利用材料	无	有
节能措施	无	有
无毒建设	无	有
社区空间	无	有
雨水收集	无	有
废水处理	无	有
再生能源	无	有
社区参与	无	有
教育项目	无	有
多样化住宅	无	有

为了应对气候加速变化的挑战，需要多等级规模的组织，全社会的动员以及强制性措施来使解决方案到位。南澳大利亚的实践经验证明，即使缺乏资源和资金，也不被政府和主流产业（mainstream industry）所看好，只要将城市当作一个生命系统来对待，基

层社区一样可以通过坚定不移的行动完成生态建设。

参考文献

Birkeland, J. (2008) *Positive Development: From Vicious Circles to Virtuous Cycles through Built Environment Design*, London, UK and Sterling, VA: Earthscan.

Bookchin, M. (1995) *From Urbanization to Cities: Toward a New Politics of Citizenship*, London: Cassell.

Boyden, S. (2004) *The Biology of Civilisation: Understanding Human Culture as a Force in Nature*, Sydney: University of New South Wales Press.

Boyden, S., Millar, S. and O'Neal, B. (1981) *The Ecology of a City and Its People: The Case of Hong Kong*, Canberra: Australian National University Press.

Burke, S. (ed.) (2004) 'Sustainable snapshots: Six Australian projects of best practice in action', *Australian Planner* 4, 41: 22-26.

Daniell, K. A. (2005) 'Sustainability assessment of housing developments: A new methodology', in *CABM-HEMA-SMAGET*, Montpellier, France.

Dansereau, P. (1957) *Biogeography: An Ecological Perspective*, New York: Ronald Press Company.

Douglas, I. (1983) *The Urban Environment*, London: Edward Arnold.

Downton, P. F. (2009) *Ecopolis: Architecture and Cities for a Changing Climate*, Dordrecht: Springer Science+Business Media B. V.

Farmer, J. and Richardson, K. (ed.) (1996) *Green Shift: Towards a Green Sensibility in Architecture*, Oxford: Architectural Press/WWF—UK.

Farr, D. (2007) *Sustainable Urbanism: Urban Design with Nature*, Hoboken, NJ: John Wiley and Sons Inc.

Geddes, P. (1968 [1915]) *Cities in Evolution*, London: Ernest Benn.

Gehl, J. (1987) *Life between Buildings: Using Public Space*, New York: Van Nostrand Reinhold.

Hough, M. (1995) *Cities and Natural Process*, London and New York: Routledge.

Lapo, A. V. (1982 [1979]) *Traces of Bygone Biospheres*, trans. V. Purto, Moscow: Mir Publishers.

Lovelock, J. (1991) *Gaia: The Practical Science of Planetary Medicine*, Sydney: Allen & Unwin.

Lovelock, J. and Margulis, L. (1975) 'The atmosphere as circulatory system of the biosphere: The Gaia hypothesis', in *The CoEvolution Quarterly*, POINT, Sausalito, Summer, pp. 31-40.

McCamant, K. and Durrett, C. (1988) *CoHousing: A Contemporary Approach to Housing Ourselves*, Berkeley, CA: Habitat Press/Ten Speed Press.

McLeod, C. (2004) 'Sustainment in a shrinking world', *Architecture Australia* 5, 93, September-October: 36.

Magnaghi, A. (2005 [2000]) *The Urban Village: A charter for democracy and local self-sustainable development*, trans. D. Kerr, London and New York: Zed Books.

Mumford, L. (1961) *The City in History*, London: Secker & Warburg.

Oliphant, M. (2004) *Inner City Residential Energy Performance Final Report*, Urban Ecology Australia/ SENRAC, June. Online: www. urbanecology. org. au/publications/residentialenergy.

Rees, W. E. (1998) 'The built environment and the ecosphere: A global perspective', in *Green Building Challenge* '98 *Conference Proceedings Volume 1*, Minister of Supply and Services, Vancouver, pp. 3-14.

Stott, J. (2007) 'Echoes of success', *Adelaide Review*, 10 February-1 March.

Szokolay, S. V. (1987) *Thermal Design of Buildings*, Red Hill: RAIA Education Division.

Szokolay, S. V. (1989) 'PLEA principles beyond the individual building', in *PLEA 1989 Nara: Proceedings of International Conference*, PLEA, Nara.

绿色边缘
中国的抉择——觉醒或是沉沦

何新城

　　诺贝尔和平奖获得者阿尔·戈尔（Al Gore）在发表获奖感言时表示，美国和中国是全球气候变化的两个主要责任国（2007 年 12 月 10 日，Oslo）。美国方面认为中国将成为 21 世纪最大的污染国，但是中国认为西方国家排放污染的历史要比中国长数十年，因此从污染量的绝对值来看，西方国家造成的污染远比中国更严重，如此便陷入了一个政治僵局。但是对于解决环境污染的问题，关键不在于中国和美国谁的责任更大，而在于美国目前已经走上了依赖化石燃料发展的道路，但是中国仍然有机会去选择一条可持续的发展道路。

　　"嵌入式"城市化发展模式（Embedded in urbanization patterns）将决定城市未来数十年精力的投入方向。用这种模式实现绿色愿景的途径包括增加植被以及采用一些基础的"绿化"（greenification）技术。但事实上，从表现来看，设计完善的低排放建筑对于实现城市可持续发展的作用并不大。受到市场压力的驱使，中国没有时间去思考一种更加综合全面的可持续道路，所以未来的机会将少之又少。

　　目前，中国正面对现代工业化所带来的各种困难和挑战。但是，可持续发展对于中国来说还是一个新的课题。怎样可持续地解决这些问题是一个巨大的挑战，但中国表明了坚定的决心。实现绿色发展受到热心民众的支持和拥护，也被政策制定者列入日常的工作事项之中。但是目前中国仍然没有达到最基本的无污染阶段,对可持续环境意义的理解依旧十分模糊。当下中国需要迅速突破传统的城市发展模式,构想出一个综合全面的绿色可持续愿景,制定灵活的发展框架并朝着这个目标前进。

时不我待

中国在过去 30 年里的发展令数百万的人民摆脱了极度的贫穷。根据世界银行(2009 年)的统计,从 1981 年到 2004 年,中国日平均消费不足 1 美元的人数,从国民人口的 65％下降到 10％。如果中国能够继续保持目前的发展速度,将在未来的 20 到 30 年内超越美国。"中国梦"创造出如此令人瞩目的经济与城市发展成就,建立起了国民对于掌控国家发展的强大信心。但是在完成国家目标的过程中,如何解决环境问题是中国必须去面对的,也是极其现实的。

世界对于中国的迅猛发展既表示担忧又充满了期待。在资源紧缩、前景灰暗的资本市场背景下,新出现的经济市场将有很大的获利空间。突然间,中国尚不成熟的供电网络、低水平的城市化以及汽车市场的空缺等都成为发展的希望。如今为了与中国的全球可持续化目标进程同步,西方国家开始强调"跨越式发展"。但在中国,"跨越式发展"(leapfrog development)常常只是纸上谈兵。对中国来说,要想有效实现跨越式发展,就必须寻找到不同于"美国梦"那样依赖燃料进行发展的方法,并在全国范围内立刻实行。

然而,中国所制定的无论是跨越的雄心、宏伟的计划还是远大的目标,目前都没有认清自己的现实。到 2008 年,中国已经实行对外开放政策 30 年,随之带来了经济的发展,劳动人口从第一产业转向第三产业,国家也由过去的农村主导开始向城市主导转变。这时大家依旧普遍认为中国基本上是一张白纸。通常,开发商和"绿色梦想者"(green dreamers)怀有相似的抱负,就是中国这个年轻的市场应该顺应形势进行发展:即不要试图引导一种新型经济,而要根据能够满足中国目前市场导向发展的特点引导经济发展。然而,中国已不再是一张白纸。包括中国在内的世界各国目前所迫切需要的是寻找到一种革命的、灵活的、系统的、可实施的绿色发展模式。只有这样，中国才能及时回到正轨，调整自己的发展模式，寻找到富有远见的解决方法，当前急功近利的实用主义极大地阻碍了思想的扩展。

本文除了介绍一些方式方法，还通过以下三个矛盾，分析了中国所面对挑战的复杂性：

（1）设计完善的低排放建筑对于实现城市可持续发展的作用并不大；

（2）西方的市郊居民对依靠燃料发展的城市表示担心的同时，中国的城市郊区却通过集约居住方式吸纳了大量农村欠发达地区的人口；

（3）中国迅猛的经济向消耗型发展，迫使我们的努力方向从减少消耗转向刺激"绿色消耗"和鼓励"绿色消费"（green consumers）发展。

中国如何实现观念的跨越式发展

中国目前并没有什么值得借鉴的绿色城市模式，那种只能有效加速中国建设进程（building process）的复制粘贴式的方法不应再被采用。西方历史上著名的城市也只是通过逐步对现存的城市系统和基础设施进行改造来实现生态化的。对于所有生态城市来说，首先是要制定一个可持续的规划方案。然而一旦规划脱离了社会现实与周围环境，城市所实现的生态化便十分局限。比如，由国外知名公司，如奥雅纳（Ove Arup）、威廉·麦唐纳（William Mc-Donough＋Partners）所做的大型规划，因为没有了解当地使用者的实际需求而不被接受，最终只能被取消。特别是在中国，可持续应该被理解成为各种经济、社会、环境以及环境限制之间的平衡状态。只有能够在自身压力下，随着时间不断发展并且适应当地条件的综合规划才能够满足中国可持续发展的需求。

中国政府在21世纪议程（Agenda 21）中所阐述的目标，听起来要比实际做起来的更加生态。这种形式化的目标是一种多方面复杂影响相互作用下的结果，这种作用来自于国家、省、地方以及诸如联合国发展和环境项目（United Nations：development and environment programmes)等国际影响。尽管很难预测政治和理想相互纠缠的结果，但可以确定的是，在生态方面，这种纠缠会对不久的将来产生实际的影响(Schienke，2008)。中国的环境问题何去何从，主要取决于国民对未来环境如何认识，包括如何看待为可持续发展所做出的牺牲。解决环境问题，中国任重而道远。

迄今为止，中国的绿色愿景都只是将当前的建设发展项目加上绿色发展的理念而已。更加关键的是，政府雄心、市场推动以及文化遗产所提出的要求仅仅对建筑和规划项目的绿色发展做出了许诺，而并非立刻实现。与此相悖的是，正是因为无法立刻解决诸如交通拥堵、空气污染等紧急的城市问题，这种情况才引起了对未来城市发展方向的争论。

绿色构想(Green imaginaries)

在人类学和政治生态学中，"构想"(imaginary)的概念(Lacan，1949/1977)是指科学家、规划师、决策制定者以及公民活动家，如"环境主体"(environmental subjects)，在完成任务的过程中，所运用的一种夸大的力量，包含了思想与道德层面。构想是一种更高层次的发散系统，能够通过对立双方的相互约束来处理环境问题。一个很好的例子是，构想能够创造性地将"没有赢家"(no-win)的局面(例如，传统的发展模式与生态之间存在的矛盾)变成"双赢"的局面。

环境构想(environmental imaginaries)通过新的形式、概念、比喻和象征的方式来描述环境问题和解决方法。只要了解当地的背景，特别是可持续的思考模式，就会发现记录在案的环境议题维持在一个较高的数量级上或是要比表面上看起来包含了更广的范围(Schienke，2008)。动态城市基金会(Dynamic City Foundation)介绍了很多新的构想，其核心思想都是"动态城市"的概念，这是一种在策略上进化了的绿色城市，里面包含了其他新的可持续概念，例如"绿色边界"(green edge)、"动态密度"(dynamic density)以及"龙轨"(D-rail)等(本文后面会一一介绍)。

美好构想与不达标的环境指数之间巨大的鸿沟，使得我们迷茫，中国人究竟想要从生活中得到什么。想要知道答案，就不得不去思考，二十年后我们究竟想实现什么，又如何去实现。现在摆在中国面前的是一系列令人畏惧的考验，包括中国农村快速却又破碎的城市化，以及五亿农村人口对城市经济和机动交通低效率却又持续增加的依赖性。如今，"实现生态化比以往更加像是一个梦"。

动态密度

构想使实现长期规划的目标获得有效的凝聚力。正在发展的中国需要一种能够继续坚持其不断加快的市场导向城市化的发展模式。在大规模建设时期，中国的规划师、政策的决策者和设计师们几乎感觉不到任何限制。但是当城市化发展速度超过了他们通过宏观规划和具体建设所做出的设想时，这样的认识远远不够。

在中国，本土的设计师们错误地去追求纯粹的经济奇迹或是去刺激中国企业的活力。当时设计师们思考的是，有很多市场导向的城市化发展模式（market-driven unintentional development，MUD）。从街道层级来看，新城的建设确实是一种微观的规划，同样从城市层级来看，在空旷的土地上进行开发建设，却是一种宏观的组织系统。中国的城市街区能在几天内被设计出来，却也能在数十年内满足 MUD 结构，因此会对可持续付出的努力表示不屑。但是他们没有考虑到，为了实现需要能源稳定供应的 MUD 结构，不仅消耗了大量的能源，也使我们失去了很多农田。

动态密度的目的在于研究城市的自然趋势，根据观察并对应最佳密实度（基于足迹和人口的动态关系）的方式来划分城市的生命周期。通过对城市普遍分布模式的分析可以得出标准密度曲线有两个基本组成部分：

（1）高性能密度（high performance density），由相互联系的密度矩阵，包括人口、混合编程以及功能的构成；

（2）连续时间段内城市扩张下不断变化的密度。

在进行密度设计时，必须对空间、时间以及动态密度的相互作用关系有一定的了解，而不是孤立、静态地得出。中国这种紧凑集约的发展模式，是在拥有全世界最高的人口密度和建筑密度以及受到 MUD 发展模式驱动的背景下自然而然形成的。将动态设计理念加入到 MUD 中,使得中国从高层数、高速度的建设模式向高效紧凑型模式发展。与混合了不同时期建筑风格的欧洲城市截然不同,中国的城市建设速度很快,淘汰也同样迅速。动态密度为中国规划师提供了一种能够预测未来的环境发展工具。

绿色边界

在如今的文化意识中,高密度成为一种城市追求现代化的潮流。在科幻小说中,先进的社会都是这种超高密度的结构。但事实上,一般的居民消费者并不推崇过高的密度;有经济能力的人更愿意搬到郊区的低密度独立住宅中。在西方,高密度的城市外围地区以及卫星城镇被证明是十分失败的。在这些地方,由于人口密度不断膨胀,服务的种类和质量都得不到提升。

在中国,情况有些不同,勒柯布西耶式的摩天大楼占领着市场。更重要的是,被西方规划者称为"城市蔓延区"(sprawl)的灰色郊区,在中国却意外地充满了活力。经过适当的规划,中国的郊区日渐完善,与中心城市紧密联系,快速地进化成为城市健康组织的一部分,而不再是无序的状态,还能够集约地容纳数百万人口居住,这一点对于中国来说具有无价的潜力,它能够增加城市外围的弹性(loose-fit)。

如果中国的城市蔓延区只是一种暂时的状态,那城市的边界究竟在哪里? 东京的例子告诉我们,巨大并不代表高效。任何城市扩张到公共交通可达的范围之外,都将成为不可持续的。我们将中心城市之外,公共交通可达范围之内的建设区域称作"绿色边界",它是城市与农村之间的一个过渡区域,也正是居民所追求的,既能够享受到丰富的郊区生活又可以方便地到达中心城市的区域。时任北京市市长王岐山(2004)承认,城市主要的问题在于房地产开发与基础设施建设之间的不同步。如果内地的公私合作机制能够与香港的类似,那么轨道交通部门就能和房地产开发商建立密切的合作关系,这样就可以将城市绿色边界范围扩大。

为了实现灵活用地,我们应该避免极受欢迎的绿色边界成为单纯的居住孤岛。便捷的联系,多种线路以及覆盖面更广的交通工具,使得这里棋盘式的道路系统更加高效,同时减少了交通拥堵。

绿色消费者

中国目前的经济十分脆弱,仅仅是靠快速发展维持着表面上的社会平衡。因此我们急需倡导国民进行绿色消费(green consumption)。但是,实现绿色社会,单靠法律和规划是行不通的,提高国民的绿色消费意识才是关键。只有通过政府自上而下的干预以及鼓励政策才能彻底转变消费者的消费意识。然而,具有争议的是环境污染成本已达到每年 GDP 的 10% 左右。在空气污染直接影响着数百万人健康的时候,中国两位数的经济发展速度却达到了顶峰。可是中国人的消费水平只有西方人的零点几。中国城乡二元化日益加剧,摆在中国面前的危机是,大部分市民并未享受到发展带来的益处,而蔓延的环境恶果却需要穷人去承担。

中国共产党通过宣传周边地区的宏伟规划,将未来寄托在不断壮大的中产阶级身上。这种期望,似乎只有当每一个生产者和消费者都去努力实现"和谐社会"(harmonious society)的未来之时,才会成为现实。然而,当经济改革开始时,设计城市和社会的梦想也会随之淡忘。集权控制并不适于广泛的城市化运动,这种排他性的方式,弱化了个人的权利,与和谐社会本质相悖。

城市为了保持市场,需要为消费者提供的不只是个人空间和商品。城市的目标会随着期望的提高而发生变化。微观的规划项目需要在宏观的构架之下进行。城市化需要的是质量(效率以及舒适性)而不仅仅是速度。

打破规则(Breaking the rules)

人们常会有这样一种想法,如果开发商能够严格遵守规定,不那么随意进行建设,城市就会变得更好。在我们的书(Mars and Hornsby,2008)出版后,我们可以从城市的规划实例中得到一些重要的经验教训,以下是案例说明。

天津 CBD

可持续发展项目常会受到大多数的政策和设计规范（planning regulations）的约束，就像最近天津塘沽的中央商务区（CBD）项目一样。建筑后退、道路限宽还有其他限制性的规定都忽视了城市的可持续性。流水线一样的建筑流程规范表面上使得中国城市更加人性、宽阔和绿色，但实际上却丧失了可持续性。无处不在的城市大空间以及强制的建筑后退规定，令中国新城密度潜力降低，同时导致人行空间被不断侵占，使建筑彻底失去了与公共空间联系的可能性。

对天津（图 12.1）的第一次调查分析说明，跳出规范的框架，进行自下而上系统化的新城市设计方法是十分必要的。就像通常情况下，我们要为一座被工厂和烟雾笼罩的港口城市做总体规划时，第一步是研究其周围的生态环境，但在这里是行不通的。

我们首先应该建立应急系统，通过引导自然水系和植被网络来预防洪水等灾害。其次，除了应用基本的绿色技术和对城市功能进行混合外，我们还建议天津 CBD 沿着城市主干进行发展，限制区域蔓延和当地的汽车使用，以此来建立一个三维发展的社区，

图 12.1

天津 CBD：一个围绕着城市绿环建立的紧凑型网络系统、自然水体过滤系统以及基于地铁联系的绿色 CBD

来源：Neville Mars/DCF

将商业网络设置在高密度住区的底层,并为其创造人行空间。由于中国发展速度很快,设计师和委托方如果忽视规范确实会承担很大的风险。不过,在街区和社区层面上,规范必须具有灵活性,能够进行调整以适应实际的变化。

从空中俯瞰,中国的几个主要城市——北京、上海和西安组成一个三角形区域并快速发展成为新的都市圈。这一地区的小型社区和村庄的发展速度要比中国其他地区更为迅速。我们将这一区域称作中国的市民都市(People's Urbanity of China,PUC),也是世界最大的城市区域,并计划成为世界第一的都市圈(图 12.2)。很快,这里将成为一个高密度的城市区,并拥有美国中等城市的平

图 12.2

中国的城市化

来源:Neville Mars/DCF

均密度。因此,我们不得不重新思考中国城市以及人口密度的等级设置标准。

PUC 地区在人口、社会和经济合力的作用下,出现了前所未见的高度城市化。限制大城市高度城市化的政策又催生出一些分散的发展水平较低的地区,即"政策扩张"(policy sprawl)。在这些地区中,到较大城市来务工的人员具有周期性(rollover),他们的到来主要对大城市周边的发展有着积极的影响,从而出现了新型村庄和乡镇城市,例如"家门口的城镇化"(doorstep urbanization)、"砖瓦化"(brickification)。最近这样的增长趋势预示了村庄的快速发展将会持续数十年。村庄是分布最广的居住形式,同时乡镇工业和政府支持的经济和产业开发区还吸引了一些人口和资金,对疏散城市中心有一定的帮助。

中国的城市大约占国土面积的 1/3。2020 年人口增长以及建成环境根据密度呈现层状分布趋势。当中国不断走向超郊区化(hyper-suburban)的发展之路时,中国的城市和农村的环境差异在逐步消失。即使在美国,仅从改善物质空间的角度进行实践,也不能解决郊区所产生的问题。因此,通过就业激励以及集中发展政策,来促进拥有较大规模的居民点进行紧凑型的城市增长,这将有助于可持续发展的部署并帮助中国成为一个先进、繁荣的国家。

L—建筑:街区间的可持续社会

L—建筑(L—building)从北京胡同(hutong,Beijing)汲取灵感(图 12.3),试图去解决目前中国面对的一些困难,为实现绿色边界创造条件。L—建筑的出发点是个人而非社区。这种理念能够融入更大规模的发展项目中,例如,北京东隅(近五环)发展计划,试图通过交通路线、公共服务和废物循环使城市有机相连。简而言之,就是建立绿色设施,引导消费者进行绿色行为,使绿色边界得以实现。L—建筑中的字母"L"象征了这些属性,L 是公寓(a-partments)的基本形状,同时象征了"loft"。我们将其设计成这种形式,是因为 loft 是建筑师理想公寓的抽象形式,loft 灵活的空间还适用于不同的用户(图 12.4)。这种公寓既可以进行分隔,也可以完全开敞,因此不论对于夫妻、小家庭或是单身住户都非常适用。

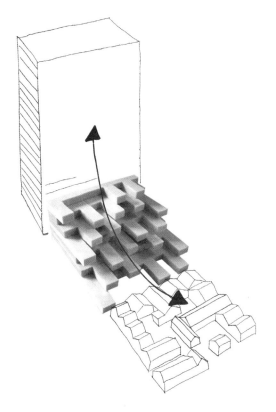

图 12.3
L - 建筑(混合胡同)概念
来源：Neville Mars/DCF

12.4
L - 建筑模型
来源：Neville Mars/DCF

L—建筑可以促进社会的可持续性（social sustainability），没有什么比拥有一间有冷热水的卫生间以及拥有良好景观的舒适公寓更令人向往了。不过，如果从长期来看，在中国让人们从平房（pingfang，China）搬到楼房中的好处并不多。毕竟传统的中国社区，邻里社会关系十分和谐。但是，一旦考虑到平房的生活质量，特别是从社区的意义上来看，这些好处就显得无足轻重。因此，L—建筑的价值便体现出来了，它将中国的传统城市环境和当前高层化的趋势进行了调和。L—建筑满足了人们在郊区才能实现的愿望：私人花园和门前的停车位。同时，图12.4迎合了传统的中国人生活习惯，如中等规模、集体开发、居住和管理等形式。

龙轨

北京目前面临着解决城市无序蔓延以及高密度的环路系统所造成的交通问题的巨大挑战，持续快速增大的交通压力已经严重影响了人行空间。为此，我们设计了一种新型的公共交通系统（public transport），龙轨（D-rail），它兼具磁悬浮列车的速度和高速人行道的效率（平面自动扶梯）。龙轨环线全长64千米，延伸至北京的三环路和四环路（图12.5）。它不需要停止就可以满足人们的上下。通过龙轨，市内通勤时间可以缩短为数分钟。龙轨的轨道网络被抬高，架在现有的环路之上。这一方法可以使原本分割的城市、限制行人活动的环路不但能通行汽车，还可以更有效率地满足步行交通。因此，龙轨将成为北京新的交通循环中心。

图 12.5
龙轨：为连接北京环路而设计的交通项目，促进交互式出行，改善交通拥堵
来源：Neville Mars/DCF

智能树(E-Tree)

我们的目标是设计时开拓自己的视野,使得城市在不同的尺度下都能够良好运行。智能树的设计灵感来自于大自然。传统的大型停车场,缺乏吸引力,同时暴露在日光之下,夏天会产生严重的热岛效应,增加了制冷负荷,还使汽车受到夏日高温暴晒,因此亟须革新。在上海世博会上(car parking project,Shanghai),我们设计展示了能够为汽车提供保护的智能树太阳能板结构(图12.6)。这一设计利用太阳能板作为树叶,树叶能够跟随太阳运动进行转动吸收光能,并且提供宛若森林般的大片树荫。在智能树下停放电动汽车的同时,还可以连接到"树"上进行充电。

总结

中国十分重视绿色人居环境的构想。当前,应用技术性的措施和方法是实现城市绿色化的主导方向,但如果不被社会、当地文化和现实条件所支持,这种方法将会受到极大的限制。另外,我们应建立宏观的绿色未来计划,用以统筹安排不同领域、不同尺度下的绿色规划。绿色城市是这一计划中未来的核心,这也是实现可持续梦想的第一步,以后应紧跟国家政策变化,不断进行调整。规划方案必须着眼于未来,使城市有序扩张。最后,为了实现不同尺度的可持续性,设计和构想过程必须能够顺应时代并且不断进化。

图 12.6
E-Tree 为停车场提供
树荫,同时储存太阳能
来源:Neville Mars/DCF

参考文献

Lacan, J. —M. —E. (1949/1977) *Mirror Stage as Formative of the I as Revealed in Psychoanalytic Experience*. Trans. by Alan Sheridan from 1936 French original delivered to the Fourteenth International Psychoanalytical Congress. Reprinted in 1977 as *Écrits: A Selection*, New York: W. W. Norton & Co.

Mars, N. and Hornsby, A. (eds) (2008) *The Chinese Dream: A Society under Construction*, Rotterdam: 010 Publishers.

Schienke, E. (2008) 'Pondering the green edge', in N. Mars and A. Hornsby (eds), *The Chinese Dream: A Society under Construction*, Rotterdam: 010 Publishers.

Wang, Q. (2004) *China State Congress*, Beijing.

World Bank (2009) *From Poor Areas to Poor People: China's Evolving Poverty Reduction Agenda*. Online. Available at the World Bank site (Home > Countries > East Asia and Pacific > China webpage) at: http://web.worldbank.org.

第 3 篇

建筑与可持续城市

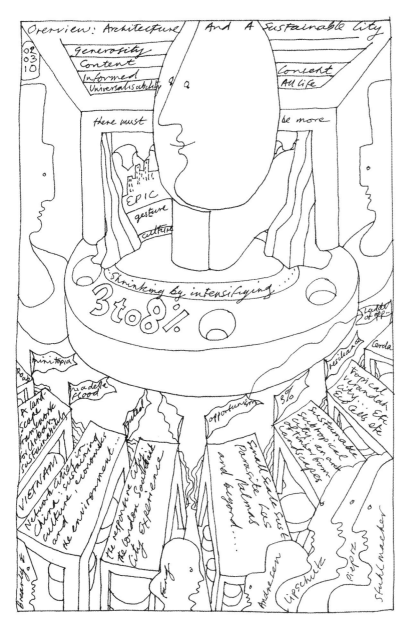

图 13.1

回顾

绘图：Leon van Schaik

综述

里昂·凡·斯查克

　　哈维尔·玛丽（Javier Marias，1995）的文章充满了大段的虚拟语气，并以其独特的写作风格而闻名。任何一个人都会观察，之后思考为何要做这样的观察，然后再去反思人类为何能这样思考，最后又会去思考自身的反思有何超越前人之处。"建筑和可持续的城市"这一标题回避了很多敏感问题，本书的这一部分介绍了五个剧院建筑的建设过程，每个例子都引人深思，使我们徘徊于职业的自豪感与绝望感中。

　　首先我们对负面情况进行讨论。观察者经常试图估量建筑师的设计会对周边环境有多少影响，尤其是从景观和建筑方面。大多数情况下，来自建筑师的影响仅仅占全部因素的20％。在以英语为母语的人的世界观中，建筑师要对大约3％的定制房屋和8％左右的住宅负直接责任。一些社会学家通过深入观察开发商和建筑公司的员工，指出建筑师对定制房屋和住宅的直接影响要高达20％（Gutman，1988）。

　　安德森在其章节中指出，大约50％的澳大利亚雨林遭到砍伐，变为农耕用地。这种情况并不是由建筑师和景观设计师引起的。事实上，在移民团体中最需要的职业是测绘员，他们可以测绘地形，划分土地权属；第二是律师，他们有能力注册和交易土地；第三则是工程师，他们可以支持基础设施的开发；最后是设计师，他们姗姗来迟，导致此时的自然资源已在城市建设中流失。这些人被召集起来美化或弥补已经被破坏的环境。在一些考古学家眼中，当前的城市建设不考虑保护环境而纯粹从环境中获取财富。许多社会学家认为,有围墙的城市是为躲避游牧民族的入侵而建设的,反映了人类相互剥削的新形式。值得高兴的是,考古学家也在试图积极地看待这些问题,他们已经发现了迄今为止最古老的城市。这个城市的结构没有任何防御功能,仅仅是散乱的黏土块,城中最大的建筑是一座圆形剧场。这意味着 4 万年前便有了一种记录的形式(Ravilious,2010),那么在未来几年里,我们可能会陷入到一场争论中。

客观来说,可持续理念的最大收益将来源于设计与保护制度(regimes of care)的实施,这些都将对城市或郊区的景观,以及建造形式产生影响。我们需要鼓励各地推广这个理念来促进改革,例如,一片面积与法国相似的亚马孙热带雨林,如果将其发展为景区并进行经营(Day,2008),我们就实现了一种与土地共存的新方式。能够适应这些新条件的建筑将会令人感到愉悦,就仿佛在聆听老城中回荡着的悠扬乐曲。但此时我却在担心另一些人,他们将环境问题理解得过于严重,不信任民主政治的进程,他们认为自己知道如何躲避灾难,并且试图做出应对。木本文的研究成果来自我所看到的为环境做出努力的人们,这些人包括我的导师、同事以及那些勇于面对挑战的人。举例来说:科林·罗(Colin Rowe)正在批判纽约五人组的盲目支持者,这些"白派"成员对城市进行的研究已经脱离了社会。以卡尔·波普尔(Karl Popper)为代表的学者认为实现基层民主(在 Chantal Mouffe 之后如此定义)可以挫败集权主义。就像科林·罗的学生弗雷德·卡特(Fred Koetter)和格雷厄姆·肖恩(Grahame Shane)描绘的一样,科林·罗认为一个"理想"城市应该能够包容各式各样的乌托邦思想,并使这些思想在城市发展中进行实践并最终实现。米迦勒·索金(Michael Sorkin,1993)在他的"当地规程(local codes)"中也提到了理想城市,他认为理想城市在本质上应该拥有不同的建设形态和开放空间,城市应有针对性地制定法规和进行管理,并突出当地特色。这本书说明了每种问题都对应有很多不同的解决方法,我们不应将其限定为某几种,而应试图创造一种政治框架,在这种政治框架下我们的创造性和差异性得以发挥。曾经只靠自身条件工作的人,都会对外宣称自己在有限的条件下出色地完成了工作,而专家对他们毫无帮助。

我的第一个精神空间,受到了科林·罗所热爱的城市和城市地区差异的影响,当我看到娱乐产业在斯图马特(Stuhlmacher)兴起时,得到了启发。正如科林·罗所提倡的,要注重城市与城市地区之间的差异性,安德烈森(Andresen)提出的木材城市让人想起杨(Yeang,1987)在《热带骑楼城市》(*Tropical Verandah City*)中提到的梦想,木材城市仿佛呈现出一种中国传统村庄的画面,或是像丹尼斯·皮帕兹所描绘的城市地区那样被潮汐流所包围,并呈现清晰的边界。这也正是罗所提倡的边界的清晰规定——即"迷你乌托邦"(minitopia),以其自身沿河流蜿蜒为特点。实际上若非有意为之,并不是罗所认为的极权主义(totalitarian)——即"共托邦"(monotopia),在三角洲处无尽地蔓延(正如 Som 早期的西贡城市设计)。

当然,任何基于拼贴城市(Rowe and Koetter,1978)的想法都无法回避一个问题,那就是"肮脏的现实主义"(dirty realism)(Robert Venturi,1966;Venturi, et al.,1972)。1971 年卡特在伦敦的国际设计学院解释了科林·罗的思想。其内容是向纽约引入两个线路,一条是哈德逊河公园大道(Hudson Parkway),另一条则穿过停车场和商店门前形成的一条带状空间。在哈德逊河公园大道建立保护制度可以丰富公园道路的自然景观,但要避免城市发展对城市天际线造成的破坏,而在带状空间建立保护机制则是对炫耀和粗俗的纵容和鼓励。格雷厄姆·肖恩与科林·罗经过研究后指出,伦敦被视为一座"冲突城市"(Collision City),古典符号——例如布鲁姆斯伯里(Bloomsbury)城中的街道、广场和露台——在这里拥有很高的地位,而新技术使基础设施的建设更加迅猛,这与伦敦的古典符号发生了冲突。这个理论表明城市需要为不可避免的灾难性变化做准备。他的畅销书名为《重组都市生活》(*Recombinant Urbanism*)(Shane,2005)。什么样的形式才是最合适的?我们从西贡南部(Saigon South)的规划中获得了一些启示。利夫舒茨(Lifschutz)坚信,协商河边住区需求的迫切增长与空间的距离关系是相冲突的。然而,我对中国的网络城市规划表示担忧,中国的网络城市规划设想了一个完美的整体,但不符合庞大的开放性城市发展的要求。我赞赏马克·卡鲁斯(Mark Cousins)将城市比作一部文学史般作品的观点(Fretton et al.,2008：5)。文丘里(Venturi)和斯科特·布朗(Scott Brown)带给我们"每小时 70 英里"的设计挑战,罗对这种快餐式的设计表示沉默(以上证明这一观点是错误的)。马里奥·根德内斯(Mario Gandelsonas,1999)强调了这一点,并将其作为研究的核心。他对波士顿、芝加哥和得梅因(Des Moines)进行了研究,并指出了一些关于城市规划非常重要的问题,但我认为本书中的这两个方案都没有对这些问题提出解决方案。不连续的城市网络会对城市的发展方式产生出乎意料的影响。这种突变将城市分割成不同的区域,导致这些区域具有人口差异性。简·雅各布斯(Jane Jacobs)倡导了这样一种街区理念：细微的差异,T 型的道路,顺应生活方式而集群的社区服务,她也是倡导这一理念的第一人。大型规划案例都具有一些随机因素,但并不是刻意将其引入的：这些随机因素是由于我们不能对未来进行准确预测而带来的基础设施的冲突,还有一些是由于鼓励人类活动自发性而形成的活动节点的随机性。

我的第二个视角,尽管得出的结论是通过设计来体现的,但更多的是从政治角度出发而非设计角度。我仔细思考了艾德弗萨·切尔达(Ildefonsa Cerda)的城市设计(Soriay Puig,1999)。他对可持续城市进行了多年的研究和设计,他认为只有具备相应的政策配合才能有所进展,这种政策需要能够说服土地所有者相信在土地置换之后他们的利益不会受到损失。这就是为什么在切尔达的城市设计中,没有任何街区是由单独一个建筑师完成的,每一个街区的设计都会引起建筑师们的争论,因为他们要确保这是该地块的最佳方案。然而"对角线"(the Diagonal)项目的扩展却并没有引起争论。如果一座城市中的大量项目都是由一个建筑师设计的,那么这座城市将是暗淡和毫无生气的。因此,我在看布里尔利和方(Brearley and Fang)的有关网络城市的文章时,就在想,什么样的政策可以使这些城市充满活力,并为不同需求的开发商提供开发机会,同时我也担心,如果他们的开发像其他"单一主题"(monotopic)的开发一样,那么结果也是致命的。就像港口住宅区,这里项目的尺度十分相似,都很巨大,设计师不负责任地将空间、河岸以及利夫舒茨式的房屋组织在一起。

　　我同意科林·罗的看法,具有强烈设计感的城市会充满争议(argumentative cities),那些建筑与城市肌理试图传达给你(Munday,1977),"听我说! 我要告诉你一些事!"以此来吸引我们的注意力,让我们投入精力,市民会有机会交流生活的体验,并减少我们对荒野的向往,降低城市机械化造成的污染。我也同意切尔达(Cerda)的观点,我们的健康和幸福取决于那些融入了我们生活细节的伟大设计。切尔达通过人口分布与空间位置的关系,证明了光、空气和景色对人类有益。建筑师可以在技术允许的条件下尽可能超越传统。

　　本篇提到的五个剧院建筑备受争议,争议性主要在于设计的娱乐性、商业性和坚固性的优先顺序。选择的关键在于,怎样能够保证建筑师所设计的社区能够一直发挥作用,同时令社区不断获得独立性和独特性,并且在特定时间和地点形成特定的生活方式。

参考文献

Day，P.（2008）*Lost Cities of the Amazon*，'National Geographic Explorer'documentary.

Fretton，T.，Steinmann，M. and Cousins，M.（2008）2G：*Tony Fretton Architects*，Barcelona：Gustavo Gili.

Gandelsonas，M.（1999）*X-Urbanism*：*Architecture and the American City*，New York：Princeton Architectural Press.

Gutman，R.（1988）*Architectural Practice*：*A Critical Review*，New York：Princeton Architectural Press.

Marias，J.（1995）*A Heart So White*，London：Harvill Press.

Mouffe，C.（1992）*Dimensions of Radical Democracy*，London：Verso.

Munday，R.（1977）'Passion in the suburbs'，*Architecture Australia* February/March.

Ravilious，K.（2010）'The writing on the cave wall'，*New Scientist* 2748：30-34.

Rowe，C. and Koetter，F.（1978）*Collage City*，Cambridge，Mass.：MIT Press.

Shane，D.G.（2005）*Recombinant Urbanism*：*Conceptual Modeling in Architecture*，*Urban Design and City Theory*，Chichester：Wiley－Academy.

Soria y Puig，A.（1999）*Cerda：The Five Bases of the General Theory of Urbanization*，Madrid：Electa.

Sorkin，M.（1993）*Local Code*，New York：Princeton Architectural Press.

Venturi，R.（1966）*Complexity and Contradiction in Architecture*，New York：Museum of Modern Art Press.

Venturi，R.，Scott Brown，D. and Izenour，S.（1972）*Learning from Las Vegas*，Cambridge，Mass. ：MIT Press.

Yeang，K.（1987）*The Tropical Verandah City*，Selangor：Longman.

城市可持续性的景观构架
胡志明市首添的规划

丹尼斯·帕普斯

越南的胡志明市（Ho Chi Minh City）曾经被称为西贡（Saigon），它拥有悠久的历史，长期以来一直是人类聚居的动态中心。公共林荫大道、绿树成荫的小路、法国风情的建筑、骑摩托车和步行的市民以及成群的游客是胡志明市历史城区的一大特色。如今，城市的办公和商业功能过多，预计 2010 年到 2020 年人口将从 600 万增长到 1 000 万，这些超规模的发展使城市的特色和可持续性受到威胁。城市化使坐落在西贡河西畔的这座历史城市的发展产生了很大的压力。

由于担心城市可能无法满足 21 世纪发展的要求，政府在沿着西贡河（Saigon River）东岸的半岛地区规划了一个新的市区。这个半岛被河流环绕，称为首添（Thu Thiem）。这一举措是越南重要的经济发展计划，为胡志明市带来重大转机，使城市发展变得更加可持续。本文探讨了遵循历史传统的城市发展历程，例如 19 世纪波士顿后湾地区（Back Bay，Boston）、20 世纪伦敦的金丝雀码头（Canary Wharf，London）和上海的浦东（Pudong，Shanghai）（图 14.1）。

首添半岛

首添半岛位于历史城市胡志明市的中心地带，西贡河的东岸，占地 740 公顷。尽管洪水频发，但其密集的运河网络和独特的土

图 14.1
首添城市设计方案
来源:Sasaki

壤成分为水稻种植和养鱼业提供了良好的条件,首添早在 1900 年就试图发展这些产业,但是半岛缺乏现代化的基础设施,与河对岸交通联系较少。目前,西贡河西岸有三个 20 世纪早期的工业港口,处理来自中国南海的载有大型集装箱的船舶和其他物资。但是这些大型港口进一步分割了城市用地,因此首添半岛的发展在过去受到了限制。

　　大量的规划和发展计划紧密结合,集中关注了半岛城市的发展战略(图 14.2)。佐佐木(Sasaki Associates)为首添半岛建立了一个全面而详细的总体规划和城市设计指导方针(Detailed Master Plan and Urban Design Guidelines for Thu Thiem New Urban Area),规划期限为 20 年,这些规划目的是使河滨半岛成为一个动态和环境敏感的多功能市区,同时也展现了越南独有的生活方式。新区在公共空间的构架上不仅拥有宽阔的水道,并由住宅、商业、办公、文化和政府或团体机构等功能的用地组成。新区主要有50 000平方米的会议中心、露天运动场和室内竞技场,300 米高的电视塔和游客中心,以及一个新的中央湖中心广场和新博物馆。预计到 2025 年首添将容纳超过 13 万的新居民。

　　在城市建设中不乏一些积极性的举措,包括如下三点:

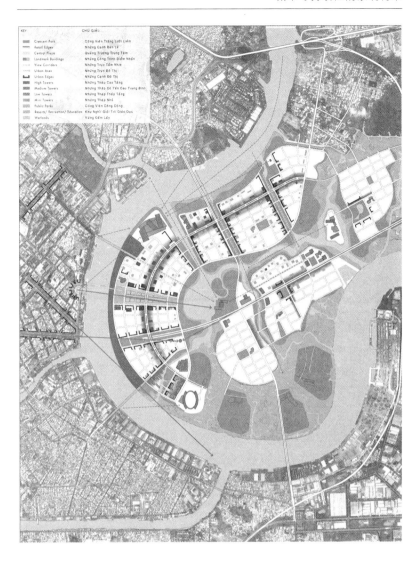

图 14.2
城市设计策略
来源：Sasaki

第一，在西贡河下建设一个东西向的车辆隧道，用来连接首添东北部的新国际机场；

第二，新建首添桥连接半岛北部现有居住区和半岛南部的就业中心；

第三，沿西贡河向南设置供水、排水、电力等市政工程，并重新布置港口。

本文描述了首添如何解决胡志明市可持续发展所要面临问题的创新性方案。在越南的社会背景下，可持续设计必须解决城市综合性的文化问题；多模式的交通问题；建设密度和紧凑发展的问题;应对气候、经济和社会多样性的问题以及严重影响亚热带东南亚生活的自然生态系统问题。

规划过程(Planning process)

胡志明市新城区投资建设管理局(ICA)与胡志明市城市规划研究院合作(UPI),于 2004 年 5 月到 12 月之间完成了首添新城区的全部项目。1996 年和 1998 年完成的总体规划由于缺乏公众支持,最终没有实施,本次规划的主要目标是促进这些规划更新并使其通过审批。

为了启动这一新的城市项目,胡志明市和 ICA 举办了首添半岛城市设计公开国际竞赛(International Urban Ideas Competition)。佐佐木设计公司获得了本次设计竞赛方案的一等奖。随后,ICA、UPI 和佐佐木为首添建立了 1∶5 000 和 1∶2 000 的详细的总体规划,并制订了详细的工作程序和城市设计的指导方针。在这一工作程序中阐述了详细的规划过程和 7 个月的工作安排。包括胡志明市和河内市召开的 4 个工作会议和 3 个研讨会,讨论有关基础设施的规划和设计中对交通、环境、房地产和社会经济问题的考虑。

来自 ICA、UPI、河内建设部的代表,超过 70 个地方机构,数以百计的个人,当地和国际的专家参与了工作会议和研讨会。此外,为了这个项目还设立了一个双语网站使公民和其他感兴趣的组织参与到规划发展中,这是越南第一次建立此类网站。事实上,为加强其可行性,规划中还考虑了许多有关社会、文化、技术和经济的因素(图 14.3)。

规划要素

新城区的城市形态由其独特的位置决定,这将使首添成为胡志明市的特色。

生态策略(An ecological strategy)

首添现有的水路和运河(canal district)、地势低洼的土地、独

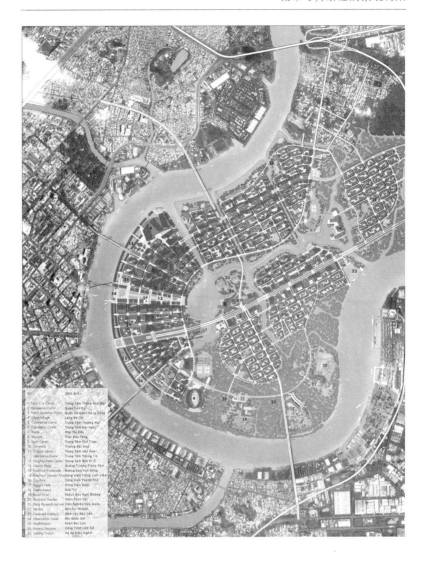

图 14.3
城市设计规划
来源：Sasaki

特的高原地区和适应力强的本土植被形成了越南南部独特的生态标识，更是胡志明市市区的生态标识。新城区首添将这种自然景观系统集中到城市三角洲，充分利用三角洲潮湿的条件，使其成为城市发展的一部分，而不是弃之不用。将某些区域的地坪标高提高到洪水位 2.5 米以上再进行开发，而另一些低于洪水水位地区将保持其自然状态用于雨水管理。特别是南部最低洼的地势，大部分土地保持未开发的状态，只是稍微提高了道路和人行栈道的高度。恢复的红树林用以净化空气和水，控制水土流失，保护运河的河岸（图 14.4）。

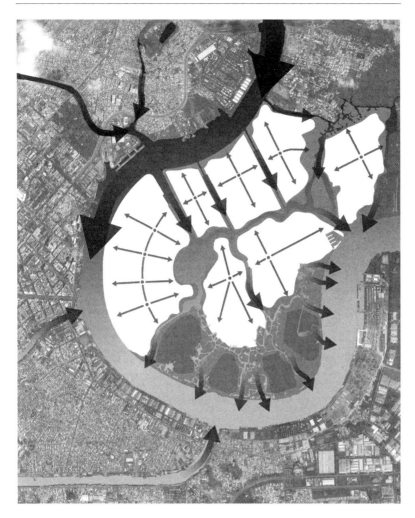

图 14.4
运河和湿地的结合
来源：Sasaki

在市区内，新的城市河道、湖泊和重塑的自然运河将构建一个新的生态廊道，它能够承受正常或者极端的潮汐变化、季节性洪水和 50 年或百年一遇的洪水。首添被设计为一个没有水坝控制水流的，通往半岛的开放系统。西贡河河水滋润了整个半岛，向南流经首添运河，经过自然过滤和净化后重新流入运河。首添提出了建设河流污水处理设施的一种新方案，用来缓解风暴以及防止污水直接流入运河。

胡志明市是首添半岛的生态环境设计的更大受益者，半岛的生态环境设计鼓励了城市区域内的其他土地的发展及其可持续规划。

公共空间和行人导向(pedestrian orientation)

新建设的首添地区扩展了多元化的公共空间网络,包括社区公园、河滨公园、城市运河、自然运河和一个可游览三角洲(Urban delta)景观的木栈道步行系统。由于越南南部气候潮湿,人们愿意在炎热的夏季待在户外,因此首添在设计中提出了"户外起居室"(outdoor living rooms)的概念。

西贡河到内陆中央湖之间的距离大约有 1 600 米,这片区域是一个中心广场,这个广场作为胡志明市主要的设计目标和集聚中心,可以在庆祝众多节日活动时容纳成千上万的人。广场坐落在跨越西贡河的人行天桥的尽头,这个人行天桥是西贡河新的标志,连接首添与胡志明这座历史城市。广场创造了积极有活力的公共空间,在这些空间设置有沿河步道、林荫小路、开放草坪、平坦步行街和喷泉等。

中央湖占地 75 公顷,是首添内陆的核心景观元素。中央湖能够调节西贡河的水位波动,湖心岛上还设有一个大型公园。公园围绕中央湖而建,并配有圆形剧场,位于南越新湖博物馆的后方,这片区域对土地用途的研究很有价值。

新月公园(Crescent Park)坐落在西贡河的东岸,是一个5 000米长的公园,景色壮观。这个公园连接会议中心,北面毗邻体育场,南面紧邻舞台区,公园成为首添市区的滨河门户(front door)。在这个大型的弧形中心,新月公园与中心广场的人行天桥交叉。从中心广场步行 10 分钟就可以到达会议中心和体育场。在新月公园南端附近的居民区还配置有运动区和网球场。公园的边缘由树列环绕,通过主要街道和人行道连接到新市区。

首添的北部分布着社区和河畔公园,居民区位于市区的南部和东部。每个社区的中心配备有公园和为社区居民提供散步、放松、锻炼和娱乐的场所。在北部的三个城市运河地区规划有以水为主体的公共空间(图 14.5)。这些运河毗邻中央湖,可以控制和分散从河流涌入的水流。同时通过提供绿荫,使边缘的步道更有吸引力。

图 14.5

运河地区

来源：Sasaki

交通联系

　　东西向多车道道路中间的绿化带和街边的停车场不仅为路过的车辆而设置，也为行人提供了场所，这将改变首添当地的高速公路系统。连接整个半岛的城市高速公路改变了原来的建设计划，并提出东西大道的概念，试图在西贡河下建设新隧道。目前东西大道成为一个拥有文化、公民、制度、住宅建筑与宜人小路的综合环境。一个地标式的 300 米高的电视塔坐落在东西向大道的西轴上。

　　该计划连接和发展周边的地区，并将两岸贯穿成一个连贯的系统。在首添，由主要道路、次要道路和支路三个等级组成的道路网络连接胡志明市的区域交通系统，随处可见的摩托车和自行车成为当地主要的交通工具。地铁、公共汽车和水运共同组成了全面的公共交通系统，进一步促进了首添与作为历史核心的胡志明市、所有主要周边地区以及附近就业中心的联系。在区域内的每一条街道上，都可通过五分钟以内的步行到达这一交通系统。

　　地铁系统拟定在沿东西向大道的中央广场、南越博物馆（Museum of South Vietnam）和大学研究所设置车站。在西贡河内拓展的渡轮服务和在新运河交通系统内开展的水运租赁服务为其他重要地标及社区提供了便捷。关键的挑战是如何平衡交通系统的私人开发与公共投资。

城市现状与水的联系

新区距西贡河沿岸仅 10 千米，拥有优越的区位条件。多年来，这条河位于城市的边缘（back door），一直没有受到足够的重视，工业港口沿河岸排列，主要用来支持商业和运输业。新区开发的设计旨在引起人们对这条河流的重视。河水将被转换为一个重要的视觉和环境资产来提高城市整体的环境和生活质量。设计目标是将胡志明市打造成为河岸城市，成为一个世界级的大都市。

受到西贡河弯曲形态的影响，首添城市设计的整体形式以及作为区域核心的河滨公园、内陆的新月大道（Crescent Boulevard）都是根据其弯曲形态进行设计的。密度最高的核心区域正对着胡志明市的历史中心。强烈的视觉和物理联系连接着历史名城与首添的居民区、会议中心、体育馆、竞技场和中央湖等其他关键地标。人行天桥连接着一个广场，名为迷灵广场（Me Linh Square），与中央广场一同位于历史区的西侧。现有的城市、新城区、中央湖和拟建的越南博物馆之间的线性组合使这些区域建立起紧密的联系，形成了一个完整的公共体系。

密集的和紧凑的城市形态

为了减少工程土方量和限制基础设施的扩展，半岛的规划制定了紧凑发展的主要目标。沿新月大道的核心区域采取中长期高密度发展的模式，一幢高约 40 层的建筑成为这个区域的制高点（high point）。层数较低的空间将作为商业用途，如商店和餐饮。这一区域采取增加密度和紧凑开发的模式，通过连接具有较强公共开放性的空间，营造有利于步行导向的环境（图 14.6）。

东北部的居住区和东西大道周边的混合开发用地，越靠近首添内部且越远离核心地区，建筑高度将逐渐降低。相反，首添南面的土地使用密度最低，因此最不发达。借助临近河流的优势，有选择地建立一些开发区，可以在这些开发区内设立植物研究中心和

生态旅游景区等。在公共木栈道步行系统中,每隔一段距离就设置一个观赏点,以此将各个建设地点连接起来。

　　所有地区的街道开发,为应对气候条件(如风能和太阳能)主要按东西朝向布置,并将这一规划进一步落实。

图 14.6

沿新月大道的高密度开发

来源:Sasaki

土地利用规划

　　首添将支持多种多样的土地使用,形成一个动态的和充满活力的城区(表 14.1)。

表 14.1　首添土地利用规划

(来源:首添新城区详细的总体规划和城市设计导则,由佐佐木提供)

名目/目标	面积
用地面积	740 hm² (公顷)
公园	92 hm²
湿地	137 hm²
居住	3 300 000 m²
办公	1 700 000 m²
零售	800 000 m²
公民/机构/教育	400 000 m²
总建筑面积	6 200 000 m²
预计常住人口	140 000
预计每天游客	350 000

17 种不同类型的土地使用被纳入计划,主要包括商业、住宅、公共、文化、教育和开放空间,这一地区的建筑密度是 25%。主要的商业和办公用地集中在新月大道和核心区域内的中心广场周围。绝大多数住宅和公共机构的用地远离核心区域。住宅用地的密度会有所不同,主要是 6 到 12 层的多户住宅,通常结合其他用途的用地,如底层商业形式的便利零售、小商店和餐馆。

主要公众设施如博物馆、政府综合体、图书馆、研究所、邮局和大学位于东西大道,作为新城区的主要门户。教育用途、社区中心和其他公民用地有计划地分布在社区内。最大的规划项目是 50 000 平方米的会议中心和拥有 15 000~20 000 个座位的体育场,它们分别位于核心区域的北部和南部。会议中心在沿河边界占据主导地位,无论是步行或乘船都可以从首添内外多个角度观察到会议中心。新首添的轮渡站和水上的士可以为会议中心提供交通服务。运动娱乐区包含作为基础元素的体育场,以及舞台、室内游泳设施、娱乐场所和独特的阁楼式住宅建筑。

实 施

在 20 年规划周期内,不断变化的社会、政治和经济因素会影响首添的发展速度和规模。该计划预测了城市的发展和变化,并通过提供土地利用和开放空间的框架,使发展适应时间的推移。城市设计指导方针对这个框架进行了说明,通过对新区土地利用分区、开放空间、道路宽度、密度和高层区的定义,对新区的特色和风貌进行了指导。

公共部门和私营部门会根据开发地块大小、位置和功能的不同从事开发活动。总体规划以五年为一个期限分阶段进行,包括诸如港口重置、桥梁建设等。在每个五年开发阶段,土地的混合使用可以灵活应对不断变化的市场需求。

规划考虑周全,并拥有相当大的政策和公众支持,吸引了具有长远眼光的国际和国内高质量组织的投资。推进发展计划促进了对运输和基础设施的数十亿美元的公共投资。

二十年来,规划的实施是由胡志明市发展机构、城市规划研所、参与新市区建设的当地规划者和专家以及许多当地和外国的建筑师、规划师、景观设计师、工程师来监管的。

值得注意的是,首添的规划过程已成为越南政府框架内的制度化工作,是西方城市设计顾问公司和越南公共客户之间发展协作关系的典范。越南城市规划标准和流程的修改反映出规划发展和城市设计指导方针所遵循的过程。

结论

胡志明市是一个拥有丰富的文化历史和物质历史的核心城市。如果说市政厅(Hotel de Ville or Town Hall)、歌剧院(Opera House)、黎利街和阮惠大道(Le Loi Street and Nguyen Hue Avenue)是 19 和 20 世纪城市发展历史的象征,那么首添则代表了21 世纪城市的巨大演变,呈现出城市在发展和规模上的可持续变化。

西贡河位于城市的边缘,多年来支撑着城市的商业和贸易。而船舶运输设施、仓库和存储场地使得部分地区河流污染严重。新市区首添将减轻原城市核心的发展压力,并把西贡河变成城市重要的视觉和环境财富。

在胡志明市的发展规划中,首添作为发展中的东南亚大都会是一个有远见的计划,是一个历史性的里程碑,首添是一个基于当地城市土地利用和开放空间独特框架的开发项目,也是未来全世界可持续城市发展模式的典范。首添建立了新的城市文脉,为胡志明市和它的公民建立起过去与未来之间的联系。

中国的网络城市
可持续的文化、经济和环境

詹姆斯·布兰蕾　方群

简介

　　为加快城市发展的速度,中国制定了标准的城市规划模式,这种规划模式对于以低成本和高回报创建大规模的城市空间工程是非常有效的,但这种模式未能创造一个丰富又可持续的社会、经济基础和环境。这种不完善的规划模式(default planning formula)的特点是规模过大、土地(land use zones)分割严重、仅依靠稀疏的网格道路连接。以行列式住宅分布为特点的居住区建设是中国新城市的主要特点,居住区占据了超大型的城市街区,街区被街道两旁的栅栏所包围。

　　尽管中国的飞地有着悠久的传统,但今天封闭的社区(gated communities)有了新的特点。目前的飞地规模较大,与社会隔离,且不以社区的形式存在,在居住用地中除了那些非住宅用地,大部分用地都建设有十层以上的高层住宅建筑。我们常常忽略利用有活力的公共领域来丰富这些孤立的飞地,即在大型住宅市场配以商业功能。高密度城市的居民上下班显然既不可持续也不方便。很多中国城市仍然一直延续着这种规划模式,但是由于土地使用很难分区,重新创建一套评价体系和一系列的新方法是十分紧迫而关键的,只有存在土地使用分区难的问题我们才有必要做这些。

2001 年，BAU（Brearley Architects and Urbanists）和史蒂夫·华夫（Steve Whitford）提出了另一种规划策略："网络城市"（networks cities），即通过城市土地利用区的邻接（而不是混合式的分区同化），通过土地利用区域的网络化来实现用地的整合（而非隔离）。本案例研究表明，该策略很复杂但仍然清晰，并通过创建混合区为不确定的未来增加灵活性。自 2001 年以来五个 BAU 网络建议被授予奖项，除了成都以外还有 12 平方千米的城市网络模型也都已经开始规划建设。

网络城市

传统的现代城市规划在整合主要功能的基础上，将城市用地分割为若干大型的单一功能的土地利用区。这些城市具有高度的秩序性，但是同时也具有交通不便、单调、交通分离、不灵活的缺陷。网络城市运用框架的连续性、连通性、复杂性、土地的邻接和分散来解决这些缺陷，从而使城市以最大的潜力来维持环境、社会、文化和经济生活。

带状分区

将土地利用区整合为狭窄的带状用地而不是大范围的街区，并结合不同的活动延长每个区域的边界长度。这使得不同土地用途之间具有高度的不可预知的协同效应。这个想法是由 OMA（荷兰大都会建筑事务所）在 1982 年的拉维莱特竞赛中首先提出的（Lucan，1991：86），后来在 1992 年上海陆家嘴的城市设计方案中被伊东丰雄（Toyo Ito）所应用（Ito 1994）。

城市（区域）间的协同合作会赋予城市规划各种项目（住宅、办公、轻工、零售和绿地规划）自由和活力。由于区域交界处的功能混合，使其成为最具潜力的地方。这些区域一般界限模糊，在边界处许多不同项目可以超越区域边界，并且在这里非相容的用地最有可能获得共存。这里是新的、边缘化的和非传统的项目出现概率最高的地方。文化更容易在这样的地方产生。

网络分区

增加垂直于上文所说那种平行的带状用地，可以形成土地使用的网络，每一种用地都可以连接到整个城市。网络分区制的规划具有带状组织的特点，但是在网络重叠的地区将拥有功能混合的优势。每组用地根据不同时期的需求为城市提供了灵活性，以适应其他具有重叠功能的用地。

为了扩大带状结构的规模，网络城市组织使整个城市呈现出一系列有益的特质，例如：住宅网络将把安全的住区街道环境纳入其中；公园网络可以提供多方向的生态廊道（eco-corridors），商业网络使零售活动自然而然地沿道路分布。

功能分散及可达性（Accessible programmes）

利用网络城市的方法分配城市中主要的土地使用功能，每个区都包含工作、生活、娱乐、服务和绿地功能的用地。这种多样性为城市创造了便利，并减少通勤。每个地区的复杂性提高了非正式社区出现的可能性。网络城市快速发展，但是并没有像传统的城市发展那样，影响市容美化。

公园网络

将城市的公园组织成公园网络（parkland networks），而不是组织成一系列集中而分散的公园会带来更多的优势。部分网络可以作为生态走廊连接荒野，使动植物群在迁移过程中穿过城市地区（Erickson，2006：part 2，ch. 3）。公园网络系统更公平地分配城市绿地，使其具有高度的可达性。具有强烈可识别性的网络化城市公园系统鼓励探索和利用城市的绿色资源。绿色网络（green networks）中的环路鼓励人们骑自行车或步行，来替代机动车交通。在当地的自然系统中，网络化的公园系统在暴雨径流的治理方面比中央公园更有潜力。

生态网络

当网络化的开放空间扩大到一定规模时，可以使大都市城乡环境平衡,使农村具有高度的可达性,同时保持一个繁荣城市必不可少的连续性。约 1.7 千米宽的大型绿色网络可以使人们躲避高密度城市的拥挤和夏季的酷暑。达到这一规模的生态网络可以利用当地粮食产量来减少城市食物的碳足迹,还可以提供教育和休闲机会。

绿色网络使本地的城市基础设施效率达到最大化。绿色网络可以处理部分有机废物、生活污水和污染较严重的废水,同时其副产品可以造福当地农业。本土居民也经常在有机废物中提取甲烷作为动力资源。可持续的城市排水系统可以为当地农村高效服务。如此大的绿色网络允许每个区利用可再生能源生成一部分电力:主要利用风能,但也利用地热、太阳能和生物质能。这类基础设施在本地的推广和展示可以减少碳足迹,还能提高个人的生态意识。

网络城市框架

网络框架为城市提供了一个平等的分配计划,更容易共享整个城市环境。它能够满足项目的灵活性和不可预见性,这些项目是通过重叠布置带型用地以及在相邻用地上建设不同项目来实现的。虽然网络框架利用传统的法定规划工具,但仍以物质、文化和经济背景为基础来包容创造性。网络框架创建了一个健康且灵活的城市,使文化、社会生活、企业商务和环境卫生得以发展。

案例研究 1:网络城市新余

第一个案例研究的是网络城市新余,将新余市扩展 25 平方千米建设网络城市,并获得了 2002 年邀请赛的一等奖。中国新城市按不同的功能分开布局,特别是工作场所远离居住区。尽管重工业区应布置在住宅用地的下风向,大多数的工作场所包括多数的轻工业可以布置在与之不冲突的市区里。新余的设计利用网络策略整合城市生活、工作、服务、教育和娱乐等功能。可以通过在特定的路上限制卡车通行,以及将工业用地从一个绿色网络(green network)或商业网络中分离来实现城市的复杂性、便利性和灵活性。例如,图 15.1 显示了网络分区如何组织城市规划工作和如何分配整个城市居住、教育、娱乐、购物等功能的用地。

图 15.2 显示了在新的规模和组织中,如何利用现有规划工具营造多元的都市风格。方盒子式的工业建筑的办公功能需要根据规模、活动和特色目标,沿特定的街道来布置,而其他街道仍将采取传统的工业形式。

图 15.3 显示了不同的绿色网络:水道连接城市两侧的生态公园,形成了生态廊道。娱乐和社区农业分布在线性公园中;当地市场和广场分布在商业网络和绿色网络重叠的区域;主要的商业空间和体育活动空间分布在连接新老城市的网络链上。最后,图 15.4 描述了如何将四种土地利用类型的网络整合成混合区域和彼此接近但功能单一的区域。

案例研究 2:成都东部

第二个案例是成都东部,扩展 12 平方千米建设网络城市 (Chengdu East city extension),2005 年在邀请赛中获得了一等奖。基础设施和道路建设在 2010 年完工。网络组织确保所有居民步行 400 米就可以到达零售服务区域和城市绿色网络。商业网络沿着交错的街道来布置,每 12 平方千米的街道网络就配有办公、零

图 15.1
总平面图
来源:BAU

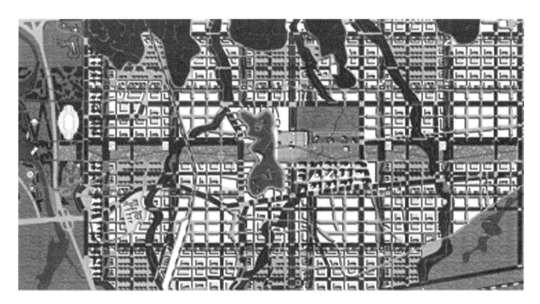

售等功能区。

在当代中国城市中，办公室和零售场所通常位于中央商务区。几乎所有的住房分布在居住区，并采用了中高密度的封闭式社区模式。这些飞地为居民提供了一个逃离城市压力的去处。然而，这些不活跃的街道使封闭的居民区失去了许多高密度城市所具有的优势：丰富的文化、社会和公众生活；为街头企业家和工作场所创造机会； 生活的便捷性。中国飞地的巨大规模减少了城市的渗

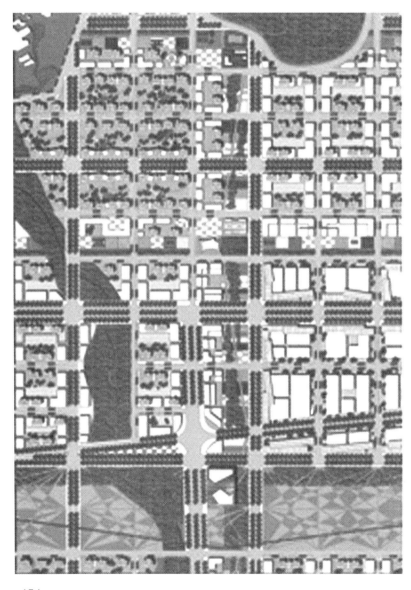

图 15.2
城市详细规划
来源：BAU

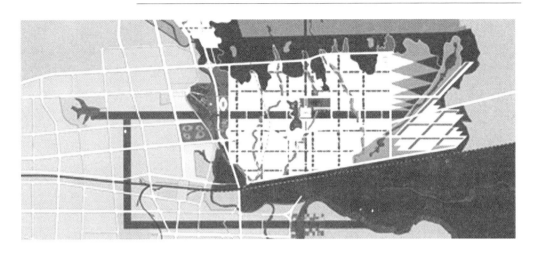

图 15.3

绿色网络规划

来源：BAU

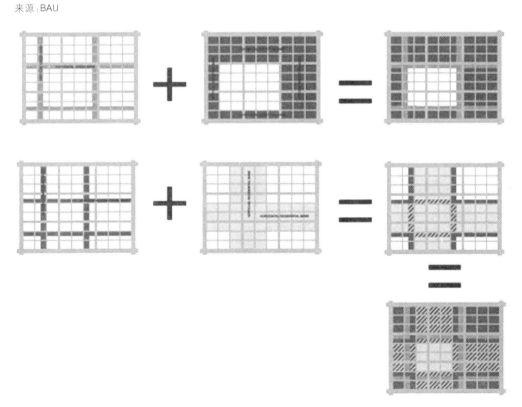

图 15.4

网络图示

来源：BAU

透率和可步行性。利用绿色的网络(图 15.5)来降低这些飞地的规模,为步行和自行车提供更多的选择和更直接的路线。

我们要使城市绿地区域形成网络,而不只是将绿地集中形成中央公园,这种网络具有以下优点:适应绿色自行车的网络;支持自然雨水净化;并使公园具有可识别的清晰结构。网络连接了西侧的铁路绿色走廊、东侧的生态走廊、南侧的农田和北侧的未来城市。

绿色网络沿着现有乡间小路、村庄、树阵、水沟以及其他设施展开,同时也是保护场所、社区和自然的策略——一个保护网络。

商业网络

商业网络(图 15.6)都被规划在所有居民的步行距离范围内。它提供了工作、娱乐和服务的场所。在网络的交叉地带,商业网络为大型项目提供集中的商业网点,另外为新型住区提供混合功能分区。

案例研究 3:共生的城市

第三个案例研究了共生城市(Symbiotic City)杭州下沙 178 平

图 15.5

绿色网络

来源:BAU

图 15.6

商业网络

来源:BAU

方千米的城市发展计划。BAU 与史蒂夫合作提出了一个网络城市策略,从根本上改变了城市的形式。

到 2050 年杭州可能成为人口超过 1 200 万的大城市(麦肯锡全球研究所,McKinsey Global Institute,2008)。实现这个提议需要转变当前冷漠的城市空间和环境,并进行可持续的高效组织和管理。通过引入 1.7 千米宽的农村土地网络和一个 1.7 千米宽的城市土地的网络,城市和村庄的领域都可以实现上述目标。

两个重叠的网络形成尺度为 1.7 千米×1.7 千米的三种类型的单元:城市单元(urban cells)、农村单元(rural cells)和混合单元(hybrid cells)。每组由一个城市单元、一个农村单元和两个混合单元的模块构成。农村单元被设计为每个模块中的生态单元:处理废物、管理水源、利用可再生能源和生产模块中所需的一部分粮食。

拥有有轨电车和地铁的公共交通网络(transport networks)遵循城市网络空间的配置。绿色的生态廊道网络被设计为支持生物多样性并允许动植物生存的场所。178 平方千米的场地规划容纳大约 180 万人(每平方千米 10 100 人)。城乡网络规划创建了一个大都市区,在这个区域里所有人都可以自由地去乡村活动(900 米)(图 15.7)。

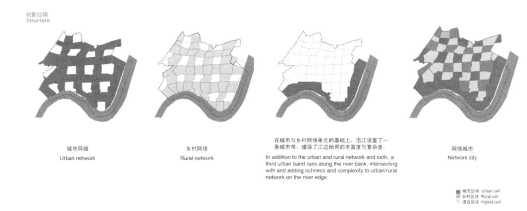

规划结构
Structure

城市网络
Urban network

乡村网络
Rural network

在城市与乡村网络单元的基础上,沿江设置了一条城市带,增强了江边地带的丰富度与复杂度。

In addition to the urban and rural network and cells, a third urban band runs along the river bank, intersecting with and adding richness and complexity to urban/rural network on the river edge.

网络城市
Network city

■ 城市区块 Urban cell
■ 乡村区块 Rural cell
□ 混合区块 Hybrid cell

图 15.7
农村和城市网络
来源:BAU

图 15.8 显示了高密度的都市风格,通过建筑围护结构的设计来保证阳光射入公共空间和人行路。图 15.9 中的每四个单元模块被作为一个整体进行设计,它负责处理大部分的废物、水和能源消耗以及粮食生产。图 15.10 是英国奥雅纳工程顾问公司(Arup)工程师的温度模型,显示了左图中传统的规划热源影响与右图中BAU 共生城市的热源影响的对比。农村网络的应用可以显著缓解杭州的酷暑。农村网络沿主导风向向南排列,创造了相对凉爽的通风走廊和风能走廊,这样的风能可以被涡轮机利用。

图 15.8
三维城市
来源:BAU

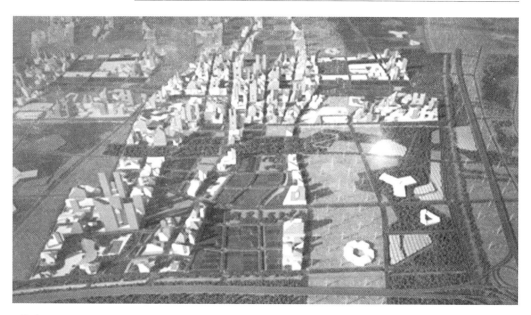

15.9

四个单元

来源：BAU

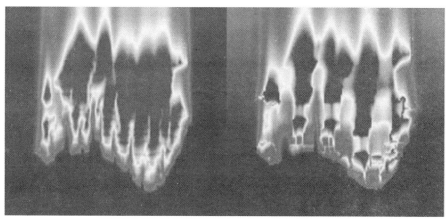

图 15.10

城市热岛计划

来源：BAU

城市棚户区：中国城市规划模式

基于 BAU 的研究了解中国的规划模式。自 2001 年以来这家公司在中国进行了实践，致力于数以百计的建筑方案及很多城市规划、公共景观和设计项目。

中国高密度的城市规划通常是规划者在两个月内完成的。国家验收规划方案的模式，使城市规划在短时间内完成，飞地超大规模和超大分区的特点形成了新的城市棚户区（ghetto-city planning）。高密度人口为新城市维持不同形式的文化、经济和环境提供了可能。但城市的贫民区却使得这种规划永远不会实现。

中国的规划模式是对现有城市混乱的应对。这种模式提供了清洁、安全、绿色的生活环境，灵活、可预见的和明确的商业区以及远离城区和视野的工业区。规划模型允许政府在最少的投资和维护责任下，使城市迅速发展。

模型基于 20 世纪中叶的现代规划实践，并直接导致了全世界现代城市贫民窟的出现。部分理论家和实践者此前已经接受了国家贫民窟分区理论，但在 20 世纪 50 年代，他们开始怀疑这种模式（Risselada and van den Heuvel，2005：84-85）。现在这种模式在这些国家已经退出了历史的舞台，专家们正在处理这种模式所造成的不良后果。这个模式的主要缺陷在于区域土地利用的规模问题。新城市被划分为大规模的住房、工业、办公、教育、科研（R＋D）、娱乐和零售区域，形成了单一使用功能的用地，独立于所有其他用途。工作、家庭、购物和娱乐之间较长的出行距离对日常生活造成不便，并对环境造成了损害。城市难以维持非正式的社会和经济生活。

在发展中国家，规划者和政府正面临着一场消除贫民窟分区的艰苦斗争。如果确认土地分区会减少土地价值或社会价值，那么它就是一项昂贵、缓慢、几乎不可能完成的任务。业主可以运用他们的合法权利获得经济补偿，社区团体也可以利用政治权力来阻止现状的改变。

城中村

中国有 2 862 个县级城市、333 个地级城市和 34 个省级城市，每个城市都经历爆炸式增长。除了少数城市外，几乎全部城市都正在实施新的城中村城市规划。

现代中国的居住区都采取封闭的社区形式。在中国，城市收入的巨大不平等导致人们心生恐惧并渴望生活在封闭的社区——飞地文化。飞地住宅区的典型规模从 6 公顷（300 米×200 米）扩大到 28 公顷（400 米×700 米）。办公用地的发展也常常采用超大尺寸、封闭的办公园区（office parks）形式。大学、政府中心、工厂和许多其他组织也是超大尺寸的飞地，经常比住区的尺寸还要大。飞地是城市的主要障碍，大大增加了出行距离，令人们出行不便。飞地与城市较远的距离使得居民不能经常离开他们的公寓或办公室，参与到与城市接触的活动中。

街道网格遵循飞地规模，通常是 300 米×200 米到 200 米×700 米的规模。街道旁边的住房、办公园区、大学和政府中心通常排列着无数的栅栏，只能通过由门卫看守的大门才能进入。如此大的街道网格，所有街道都注定承载巨大的交通负荷。这样的城市很少有尺度宜人的安静的街道，更不用提尺度宜人的购物街。

住房的选择较少。飞地生活的唯一居住选择就是在新的城市采取 SOHO 的形式（单身的家庭办公室/小型家庭办公室）。SOHO 具有灵活性，但不能对邻近的租赁项目做出明确的反应。SOHO 位于商业区域，太阳不能直射到建筑通道、阳台或绿地。

新推行的城中村，就算没有拆除全部的贫民区，但也将大部分拆除了。农业人口将被分配到中高密度住宅区公寓中。新的城中村的土地依据原始的指标被开发：土地使用性质、容积率、建筑后退红线、高度、建筑密度、占地率、绿地率、停车率和道路交叉口。

开发过程的特点是快速设计、快速批准（fast-track design/approval）。建筑师经常在数周内就可以完成 1 平方千米的高密度住房、办公室或工业等大项目的概念设计。审批的依据是每个地块的城市控制性详细规划指标。这种速度通常需要通过大量场地规划类型学、建筑类型学和风格来进行反复论证。经过几十年的苏联式批量生产住房,如果没有特别要求,相同的建筑形式将逐渐被接受。

尽管中国的城市新区人口密度很高,但很少有居民生活在距离工作地点、服务设施、公用场地或娱乐用地的步行距离范围内(低于 750 米)。因此,汽车是一个有吸引力的选择。每个城市都寻求创建一个或多个成功的新中央商务区(CBD)。理想情况下,CBD 的住房是免费提供的。这些华而不实的商业棚户区街道在白天毫无生气,晚上却充满敌意。同时大部分中国城市活跃的公用场地都是新建的。新城市的公园通常是分布在市中心的大型城市公园。它们通常是封闭的,因此缺乏活力。城市很少愿意开发超过国家最低要求 8%～12% 的公用场地。

虽然中央政府要求城市的规划以竞赛的形式进行,但在竞赛结束后赢得竞赛的设计师并未被要求进一步深化完善设计方案或投标申请下一阶段的工作,甚至是充当项目开发顾问。但当地设计院可以从多个竞赛设计中汲取优点并将其整合在一起。当地设计院的团队很年轻,受与时间相关的利润的驱使,随着团队继续开发设计,他们不可避免地切断与原来设计师的所有交流。毫无疑问,为了迎合房地产开发商和政府工作人员的奇想与愿景,他们修改了城市规划的方案。

城市设计大赛(1～15 平方千米)通常持续的平均时间为 8 周。交付内容通常包括物理模型、计算机鸟瞰图、3D 渲染、设计说明书和多媒体演示。设计需要提出城市规划、城市设计、建筑设计、景观设计、控制性规划和指导方针。每一块土地的控制性规划包括指定的容积率、高度限制、建筑后退红线、道路交叉口位置、绿化率和建筑密度。参赛的竞争者们有大约 40 分钟来展示他们的城市设计方案。如果需要翻译可能展示会减少 20 分钟。如果项目不是亲自解说而仅仅是通过多媒体来展示,则展示时间会被减少至 20 分钟内。项目展示之后会有一个 5 分钟的提问时间。

大部分的评审小组将在评审前的晚上到达这个城市。他们经常没有时间调研基地,也没有机会研究汇报前的提案。评审人员通常会在汇报后立即总结他们的研究结果并向小组成员提出建议和问题,午餐招待结束后评审也被视为结束。大多数评审在一天内就可以完成。政府官员往往也加入专家小组或参与随后的投票,他们强调 3D 计算机制图的重要性,尤其是鸟瞰图。

为大型城市设计项目(1～15 平方千米)撰写的竞赛要求经常由大约 5 页 A4 纸的背景信息组成。另外 5 页会包括竞赛的过程和应交付的成果,还有 20 页将包含国家、地方标准和通用设计原则的一般信息。调研小组大约用 1 小时做出附带的简介,随后绕着广阔的基地驱车行驶 1 到 2 小时,也偶尔停车进行查访和拍照。参赛团队很少考虑来自城市的问题。许多设计团队从来没有调查过城市,就提交了方案。网站上现有的所有独特解决方案仍然是未经调研的。

竞争对手将提出大多数城市结构的数量和类型。出于国家安全考虑,航拍照片是不可用的。网站上很少有之前开发的想法。在最好的情况下除了分区规划,我们还会得到总体规划资料,但大多数情况下我们没有以前规划概念的任何信息,例如交通策略、经济规划信息、区域规划信息或社会文化的数据,而这些信息恰恰是需要的。研究应该从头开始,但因为提供的时间有限,很少有顾问从背景去研究。

规划项目经常需要提出城市密度(容积率)和绿地率的建议。不同城市的参数标准都不相同,但都符合国家参数标准。市场规则:经济增长是中国城市化发展的主要动力。政府工作人员根据城市化的数量,而不是质量来进行奖励。城市因有适合的开发者而具有竞争力,有效的城市和场地设计可以吸引他们的投资。

"文化大革命"(Cultural Revolution)时期大学的关闭造成了 40 岁到 60 岁专业人士的缺乏。大多数中国新城市是由年轻的规划者设计的,这些人的大学研究项目(甚至在硕士水平上的研究项目)没有建立在研究、设计或实践的基础上,但却为他们负责的规划公司提供了高速的商业产出,很少规划者有时间、意愿或能力扩展他们的规划视野。中国规划者正在无情复制唯一的规划公式。他们在奖金的激励下,追求开发项目的速度和效率。

通常中国的设计公司只有两种类型,一类设计公司致力于设计竞赛或 1～15 平方千米城市设计。另一类设计公司从事的是不同阶段的生产性工作。在 50 万到 100 万人口爆炸性的城市中,规划部门只有不到 10 名的规划师。相反,规划部门更依赖于政府、利益和当地设计院。

规划过程是不透明的。对于文化而言,所有事情都有背景和因果联系,而发展是爆炸性的,不可能确定许多城市规划决策背后的动机。一些决策,包括城市设计的变更,应以一种文件格式的形式记录下来方便人们和城市规划顾问的获取。此外,专业人士和学者几乎没有得到尊重,因为他们才刚刚恢复在"文化大革命"期间丧失的信誉。而政府工作人员的意见是高于城市规划人员的。

结论

本文概述了新的城中村规划的失败和所面临的挑战,并描述了可行的替代方案。尽管批判政府规划是不被允许的,但 15 年来贫民区城市规划的恶性本质一直在警示着我们。中国有很多领先的大学、国际设计从业者甚至学者和政治家都在举办会议、研讨会、培训班和讲座。尽管如此,大多数教授和设计院仍在继续生产新的棚户区城市。没有理由可以阻止一个发展中国家对于现代化的追求,但不能盲目地借鉴西方城市规划。专业人士和学者们都忙于私人项目而没有时间和精力去研究和批判,所以大家都惊人地不去交流观点。

参考文献

Erickson, D. (2006) *Metrogreen: Connecting Open Space In North American Cities*, Washington, DC: Island Press.

Ito, T. (1994) Shanghai Urban Project, *El Croquis* 71, 156-161.

Lucan, J. (1991) *Rem Koolhaas—OMA: Architecture*, 1970-1990, Zurich: Artemis and Winkler Verlag.

McKinsey Global Institute (2008) 'Preparing for China's urban billion', March. Online: www. mckinsey. com/mgi/publications/china_urban_summary_of_findings. asp (accessed 24 February 2010).

Risselada, M. and van den Heuvel, D. (2005) *Team 10: In Search of a Utopia of the Present* 1953-1981, Rotterdam: NAi Publishers.

响应的城市
伦敦南岸的经验

艾利克斯·利夫舒茨

    LDS 建筑师事务所（Lifschutz Davidson Sandilands）作为建筑师和城市规划师的团队，参与了伦敦南岸的更新规划（South Bank regeneration）。这片区域位于兰贝斯（Lambeth）和索斯沃克（Southwark）的大都会区，目前是首都的主要文化中心，有一处人口持续增长且多为流动人口的社区。然而，20 年前，我们刚刚开始在那里工作时，它作为伦敦的心脏却是萧条又毫无生气的。

    第二次世界大战给这个地区造成了破坏，但更多带来的是灾难性的战后规划政策（post-war planning policies）。沿河拆除了 19 世纪的仓库和码头，建设了大型的艺术场馆，例如国家剧院（National Theatre）、海沃德画廊（Hayward Gallery）和皇家节日音乐厅（Royal Festival Hall），还建设有更大的商业跨国公司总部，例如壳牌（Shell）和 IBM。但这些壮观的建筑之间的空间却完全被忽略了。办公室、音乐厅和美术馆内部发生的活动都对活跃的街道毫无作用。大量的上班族和剧院观众每天来来往往却没有理由停留。

    奇怪的是，南岸位于伦敦的核心，具有区位优势，是国家和国际交通联系的枢纽。它享有泰晤士河（Thames River）沿岸无与伦比的优势，能观赏到举世闻名的地标建筑，如圣保罗大教堂、萨默塞特郡的房子和国会大厦。第二次世界大战后的 30 年其获得巨额投资。但随着新建筑占据公共领域，住宅人口的下降和学校、商店的关闭，街道缺乏生气和活力。本文探讨了巨额投资下城市南岸仍然衰败的原因。从社会和经济的角度,详细叙述了阻碍这一区域可持续更新的因素,并探讨如何在城市环境中加强社会的可持续发展。

早期开发

历史地图显示了伦敦南岸的发展模式,与伦敦其他地区或沿河地区截然不同。18世纪晚期,南岸开始了现代化的开发,包括工业建筑、木材场、船坞、啤酒厂、染料工厂以及客运和货运的码头。到了19世纪,腹地在狭窄的街道中得以发展,狭窄的街道两侧建有样板住房,这些住房前面设有宽阔的露台,后面设有封闭的花园。除了这两排19世纪早期的投机房外,还建造了少量的工匠住房。建于19世纪后期的牛津塔(Oxo Tower Wharf),是唯一的工业建筑遗迹。

南岸在19世纪60年代开通了铁路。铁路到达河对岸的目的地要通过高架桥跨过现有的居民区,并通过一座新桥到达河北岸的查林十字车站(Charing Cross station)。在20世纪初期,查林十字车站周边增加了两个重要的站点,滑铁卢车站(Waterloo station)和伦敦市政厅(County Hall,London)车站,并于20世纪20年代建成。考虑到该区未来的发展,新建项目的结构都是典型的铁路货运编组站,大规模的新发展不仅满足首都的需求,还能同时满足其余区域的需求。两座建筑在大轰炸中幸存下来,这对萨瑟克和伦敦朗伯斯的其他地区影响较大。在战后时期,被炸区域和"贫民窟"被拆除,结合沿河地区的一片土地来继续开发。

20世纪50年代:"大事件的破坏性(big event blight)"

1951年,南岸进行大战后的第一次建设计划。英国建国日(Festival of Britain)是一个国家庆祝从多年的痛苦和衰落中复兴的节日。这是一次盛大的集会,皇家节日音乐厅以及河岸花园中的小型临时展馆所都在举办庆祝活动。作为国家复兴的象征,人们十分重视节庆活动,但同时也导致了一些问题。节日虽然为都市人群提供了兴奋的一天，但却损害了周边社区居民的利益，参加节庆活动的大量人潮在这里停留，制造垃圾，然后离开。一旦节庆活动结束，大部分的土地和场地都遭到了破坏。

其他地区也发生过相同模式的由大事件引起的破坏（big-event blight），例如开发大型的、一次性的项目。其他的例子包括伦敦的亚历山德拉宫殿（Alexandra Palace）、温布利球场（Wembley）和特拉维夫白城（White City）。最近的一个例子是格林尼治（Greenwich）的千禧巨蛋（Millennium Dome），该项目的目标是促进当地复兴。在2000年底，经过长达1年的展览后壮观的结构被拆除，根据现有的格林尼治半岛（Greenwich Peninsula）总体规划，场地被重新开发。然而在1998年，当选的工党政府曾决定保留这个标志性建筑，作为"恒久的遗产"（lasting legacy）。不幸的是，尽管千禧巨蛋的圆顶建筑已经改造为一个成功的娱乐场所，但新住宅区几乎没有取得任何进展。

20世纪60年代及之后：建立威望（building for prestige）

在英国世博会（Festival of Britain）从泰晤士河南岸撤离后，一些巨大的、反思性的以及功能单一的建筑终于建成，但显然与街道的模式没有任何联系，相互孤立。毗邻皇家节日音乐厅，建造了更多的大型文化建筑：如英国女王伊丽莎白大厅（the Queen Elizabeth Hall）和塞尔音乐厅（Purcell Room）、海沃德画廊和国家剧院。这些演出空间与大型办公开发项目相同，如1963年在上游开始建设的壳牌中心（Shell Centre）和英国最高的办公大楼。

这些大型的单一文化建筑通过便捷运输系统直接连接到郊区，吸引了不少政府部门和蓝筹公司。但它们对城市肌理和南岸的社区有灾难性的破坏。新建筑不仅与周围环境没有联系，背向街道，而且他们的管理人员只能为企业或国家利益远程服务，因为这里只能为当地人提供非技术性的工作。员工是普通的上班族，他们只能为当地经济做出很少的贡献。

历史遗迹和肌理

在 19 世纪 70 和 80 年代,应对南岸的萧条和杂乱的情况考虑规划一个更大规模的单一文化开发项目。到 1970 年,伦敦朗伯斯区委员会(Lambeth Council)考虑开发一个独立的办公项目,位于沿河建筑后的废弃用地上。这证实了该地区的制度特征,拆除了最后的工业和商业活动的痕迹,并在腹地和河流之间设置财团控制(corporate-controlled)的屏障。

发展计划的目的之一是更新,但建筑的整体规模和被限定的土地功能性质阻碍了地区的更新。将城市视为一个空白的区域,建设非常特殊和令人印象深刻的建筑,这种更新方法必然会破坏城市的肌理。弗兰克·盖里(Frank Gehry)设计的古根海姆博物馆(Guggenheim Museum)为毕尔巴鄂(Bilbao)带来显著的好处,使得这样的更新方案仍然具有吸引力,英国城市规划也受到这种做法的影响。值得注意的是,古根海姆博物馆吸引的游客超过80%都来自城外(Bailey,2002),这可能对当地的经济有益,但文化吸引力仍然取决于外部资金和政策承诺。这种影响与前面描述的大事件效果类似。

另一个悖论:越是兴建所谓特色的国际建筑群(architectural set pieces),城市就越相似。我们的城市像动物园一样,装满了各种进口的奇异生物,这往往与和城市引入大量怪异的建筑群相似。就像动物园一样,虽然壮观,但奇特的建筑会令人倦怠,就像看到在笼子里的一只老虎,就等于看到全部的老虎。

这并不是说建筑定位不能太宏伟。但是它们太特别,就会与城市普通的肌理有所差异。它们给我们留下深刻的印象,但我们是喜欢它们的人工环境,还是钟情于当地文化和乐趣衬托下的老城市或红灯区呢?为了追求新颖而使建筑脱颖而出,如同坎贝尔(Campbell,2004)提出的城市作为一种"著名的装饰"(prestigious garnish),迫使建筑师不得不挑战常规。

古老的欧洲城市逐渐演变(European cities,evolution),如意大利的帕尔马(Parma,Italy)是一座以不同的方式进化的城市,奇怪的是所有的建筑形式很相像,但可以适应不同用途(Rowe and Koetter,1984)。显然,成功的宜居城市主要由均匀的肌理组成,没有刻意雕琢的痕迹——建筑能适应各种形式的活动,这些活动由街道网络和公共领域形成的开放空间连接,包括生活区、当地的商业、酒吧和咖啡馆。在这样的城市中将建筑视为孤立的对象是不可能的,只能作为一组延伸的空间来组织。

自上而下与自下而上

在规划体系中包含"自上而下"的城市设计(Top-down urban design)——建造"大事件"(big event)和标志性建筑的城市设计,就会具有广为人知和可预测的特性,通常受到高度重视,城市几乎无法进行自下而上的发展。但这种自上而下的城市设计对多元市民共存的"街道芭蕾"(street ballet)而言是有害的,因为街道芭蕾追求的是多样化和重叠的活动,而简·雅各布斯(Jane Jacobs,1961)认为这正是一个健康、多元化和充满活力的社区的主要指标之一。

最近,史蒂芬·约翰逊(Stephen Johnson,2001:18)对雅各布斯主张的城市发展模式以及贯穿在生物学、动物学、软件开发和都市生活方面的近期研究,进行了发展主线的解析:没有刻意的组织方案,完全是由无组织个体自发形成的(spontaneous urban development)。关键是大量而活跃的组织足以产生个体之间充分的信息交流,即城市的本质。这些交流导致个人改变他们的行为,进而激发发展变化的过程。这些系统的特点是,它们不是强加的,却是自发的无限的小交流。这种"自发组织"(self-organized)、"自然发生的"(emergent)或"草根行为"(ground-up behaviour)的系统,根据大量相对简单的元素解决问题,而不只依靠独立的"行政部门"(executive branch)。

我们可能会鼓励自下而上的设计(ground-up urban design),并提倡街道渐进式的改变,而不是把城市视为固定的集合、事先精心安排的建筑和自上而下的发展。规划和开发过程可能不会依赖分区的方法,而是促进富有想象力的设计,不需要不断拆除和重建也能够应对经济和社会环境的变化。在这种情况下,评估新项目不应根据其符合当前的土地使用计划或根据它们的外观,而是应该根据项目的适应力和对城市的灵活性所做的贡献。

规划和利润:可茵街社区建设者

20 世纪 70 年代末和 80 年代初,政府计划在沿河的关键位置建设办公和零售功能区,南岸居民为此感到担忧。在这个提议中缺乏住房和社区设施,引起了人们的反对,并促使他们寻找更好的组织方案。1984 年,经过 10 年的选拔,可茵街(Coin Street)社区建设者(Coin Street Community Builders,CSCB)获得了 13 英亩沿河地带的永久产权,这个基地原本要作为办公区进行开发(图 16. 1)。居民汤姆·凯勒(Tom Keller)说道:说服伦敦议会保存社区用地是一项"惊人的政治功绩"(an amazing political feat)(personal communication,2008 年 4 月 25 日)。CSCB 的目标很简单:让普通人在该地区生活和工作,并提供必要的支持(学校、托儿所、社区中心和体育设施)。这些目标为居民提供了全部的支持,作为城市独立的一部分,是南岸必不可少的基础,同时避免了地区艺术、文化旅游与企业就业的冲突(图 16.2)。

大伦敦议会(Greater London Council,后来在 1986 年被玛格

图 16.1

被拆除的可茵街

图片:Iain Tuckett／CSCB

图 16.2

可茵街住房

图片：Iain Tuckett／CSCB

丽特·撒切尔政府废除）为了鼓励区域发展的这种新方法，愿意放弃潜在的利润，放弃纯粹的商业路线，重新开发这个基地。这种非营利原则（not-for-profit principle）支撑了 CSCB 的行动，使社会企业将提高社会盈余作为目标，而不以营利为目的。CSCB 委托 LDS 研究城市发展模型，并以简·雅各布斯提倡的城市社区形态来建设不断发展的住宅社区。

土地的混合使用和适应性

我们寻求机会来创建一个与物质、社会和历史背景都有一定关系的、更具有渗透力和连贯性的结构（multiple use structures）。一个废弃的仓库被重新利用，成为重建区域的焦点，称为"牛津塔"。这是一个相对平庸的工业建筑，建于泰晤士河沿岸的码头，只有 90 英尺高的塔，塔身用玻璃拼出 OXO 的图案（图 16.3）。

政府规定泰晤士河不允许出现广告牌，但这座生产牛肉精的建筑公然利用塔身做宣传。虽然建筑缺乏魅力，但是它传承了河南岸的工业历史，当地人民对于这个逝去年代最后遗物的喜爱就是努力保护它。

我们将仓库改造成廉价公寓、小工作室和零售店、有 400 个座位的餐厅和顶层的公共观景平台。由于其简单的框架非常灵活，

图 16.3

泰晤士河畔步道向牛津塔的眺望

图片：Marcus Robinson

因此很容易将它改造并重新利用。我们看到的变化只是结构演化的一个阶段，它最初是一个电力发电站，然后转变成储肉仓库，最后，成为一个生产猪肉馅饼中使用的鸡蛋的工厂。

为街道创造利益和多样化的独立商人既可以为小规模的活动提供空间，也可以为当地提供更多的就业机会和更好的服务组合，例如：现代小型企业雇佣曾经居住在这里的居民。公众观赏平台将人们带入大楼，否则人们不能进入餐厅等"私人"地带。后者为该区域带来收益，并能提供超过 300 个工作岗位。居民负担得起这样一座与国际著名餐厅在一起的公寓的租金吗？他们不能，他们认识到收益流对当地的服务和租金补贴有益。

建筑师提出服从功能的传统建筑形式，可能难以被接受，但建筑不再必须设计成新的形式，而是需要反映它们最初的用途，从而适应多种功能或随时间变化的活动要求。根据南岸的经验，我们很难证明在城市更新中，具体且功能单一的结构是否合理；而我们相信建筑必须进行一次又一次的重新配置，以满足不断变化的需求。

样板住房(Pattern-book housing)

公寓位于 OXO 大楼(Oxo building)的中间楼层,在宽墙(Broadwall)住宅的后方。11 栋房子的平台和拥有 26 个公寓的小型塔都是经过与潜在租户进行密切磋商后设计的,建筑师应该满足住户的需求。街景呈现出与伦敦大轰炸前城市的相似肌理,然而却在当代的设计中才得以实现。

斯图尔特·布兰德(Stewart Brand,1997)提出,从一开始灵活的设计就可以延长建筑的生命,之后可以根据居住者不断变化的需求进行增量、低成本、低技术含量的改造。住区包含一个中心服务核心,多个不同的楼层都配有厨房和浴室,这样就可以创建一个适于老年人的套间或适应青少年生活方式的套间。三楼平台具有双层层高,只需要加上楼梯就可以用来创建睡眠平台或是学习、存储的空间。

南岸的住房形式教会我们适应性结构更具响应性,它可以鼓励开发大量不同、重叠和连续的用途。建筑物对区域的地方特色和视觉丰富有积极而低调的贡献。建筑内空间的分割不需要很具体,只是为居住在内的不同人群和他们的活动提供一个灵活的结构。

有魅力的公共领域

遵循 CSCB 负责的南岸规划的第一个切实结果就是公共领域的改造(public realm improvements)。当地市民迫切需要具有魅力、安全、舒适的路线和空间。CSCB 的第一个项目是创建一个新的公园和沿河步行道,这些公共空间维持至今,部分来自 OXO 大楼的赞助。

后来 CSCB 结合该地区其他重要雇主和艺术机构等的利益集团,创建了南岸雇主团体(South Bank Employers Group),成为改进这个区域的主要力量。南岸雇主团体认为他们的建筑华丽地立于一个相当肮脏的公共领域,因此被委托设计一个大型的总体规划,为城市环境和社区设施制定可行的改善方案。

民意检测专家国际市场研究公司在 1999 年进行了一项对小型企业和当地居民的民意调查,邀请当地居民在一系列规划研讨会上发表意见。他们呼吁通过更好的街道联系、商店和服务来改善公共领域（包括游泳池、室内和室外的运动场地）。根据卢埃林·戴维斯(Llewellyn Davis)的初始概念,最终的总体规划包含一系列项目,这些项目以一种集成的方式运行并振兴该地区,项目可以按照轻重缓急的顺序或资金的投入去单独开发。到 2009 年底,约有一半的项目已经建成或是正在建设。

在一个方案中,经由或是到达严重拥挤地点的现有交通路线,被称作老鼠道(rat run),即交通高峰时行车的小路,需要升级和加强。交通拥堵被有效控制,通过创建核心区域的主干路线使这座城市的结构更加具有渗透性,并增加了城市中不同区域的联系。

LDS 设计的另一个规划改造了伦敦南岸和中部之间一个潮湿肮脏的小路,该路是这半个世纪以来唯一一条直接联系伦敦南岸和中部的人行通道。两个新的人行天桥的设计,可以使人们沿着亨格福德铁路桥(Hungerford railway bridge),从泰晤士河北岸的查里十字车站(Charing Cross)步行到南岸滑铁卢站(Waterloo station),并能欣赏到泰晤士河上的景色,即 1951 年英国建国日时的场景(图 16.4)。之后,我们在伦敦中心、泰晤士河上唯一的延伸处重建了一条自行车道。

这些最初由 CSCB 布局的新的公共开放空间和公园,增设了能够到达核心和会议场所的沿河步行路、人行天桥,将活动引入到以前"呆板无活力"的地区。居民、工人和游客迅速移居到这些空间。更好的街道家具和标识增强了区域的清晰度和连通性,使这个区域更容易使用并为区域的人们导航,公共艺术项目为位于河岸后的主要街道带来了色彩和活动。它们比简单地消除由于数十年的忽视造成的衰败更有效;这些变化恢复了当地的可持续性,并且激发了居民的归属感和自豪感,同时很好地体现了民众的意向。

图 16.4

亨格福德桥

图片 : Ian Lambot

响应的城市

　　南岸的经验促使我们重新审视那些根深蒂固却又不合时宜的习惯。现代主义坚持在当地规划中根据不同活动对城市进行分区，以便将场所按照生活、购物、餐饮和其他用途的比例进行分配。"未来仅能被控制，但不可被预测"。布兰德（1997：181）写道："我们对待未来的唯一态度应该是长远而深刻的，从结构上看，即使这样也会有不可避免的反常现象出现。"这句话描述了一种漫无目的地试图想预测城市发展需求的行为，并且这种状况仍在继续。

　　在南岸，CSCB 认识到现代城市居民在同一段时间中进行多种活动安排（生活、工作、购物和饮食），他们需要在相同的空间环境下同时或按顺序完成这些活动。OXO 大楼再开发的成功表明土地使用变化的建设潜力在开发过程中可能会存在一定的风险。开发一个基地需要数年时间，但经济活动要比开发过程快得多。这使得开发人员处于一种弱势地位，即日益动荡的经济环境决定两年或三年后市场的状态。商业市场的不景气将导致六层的办公空间不能顺利出租出去，而如果这些六层空间也可以将办公室、公寓、商店、工作室、餐厅混合使用，他们总会找到新租户。

结论

组合的方法激发了南岸和市中心等其他地方的再生潜力：

（1）规划系统：不鼓励开发人员进行人口和经济的预测，相反要创建灵活的城市结构；

（2）经济模型：平衡商业利益与社会效益；

（3）加强公共领域之间的相互联系；

（4）由改造建筑和新的样板建筑组成渗透性的城市结构，这样将吸引使用者移居到这里并尽快适应它。

以上这些都可以促进创建一个有活力的城市环境模型，以自己的方式、节奏和情况为几代居民、工人和游客提供服务设施。

参考文献

Bailey，M.（2002）'The Bilbao effect'，*The Art Newspaper*. Online：www. forbes. com/2002/02/20/0220conn. html （accessed 20 November 2009）.

Brand，S.（1997）*How Buildings Learn：What Happens after They're Built* （rev. edn），London：Phoenix Illustrated.

Campbell，P.（2004）'At Somerset House'，*London Review of Books* 26，24.

Jacobs，J.（1961）*The Death and Life of Great American Cities*，New York：Random House.

Johnson，S.（2001）*Emergence：The Connected Lives of Ants，Brains，Cities and Software*，New York：Scribner.

Rowe，C. and Koetter，F.（1984）*Collage City*，Cambridge，Mass.：MIT Press.

小规模的可持续性
拉斯·帕尔马斯的"共生"

梅彻索德·斯图马彻

　　本文阐述了一种实现小规模可持续性的方法。对法国建筑师安娜·莱卡顿（Anne Lacaton）的方法展开了讨论，然后描述了正在进行的"共生项目"（Parasite project）展览，这个展览对城市紧密化（densification）、暂时性和小规模的建筑进行处理，并对环保结构体系及其对建筑的影响进行处理。最后，以荷兰的一个小型"文化住宅"（cultural house）为例总结了我们对物质和文化可持续发展实践的想法。

建筑师

　　2004 年 4 月，法国建筑师安娜·莱卡顿在鹿特丹的讲座上描述了她的日常实践活动，并展示了多年实践过程中建造的令人愉快又朴素的私人住宅的图片。照片中的大部分住宅都是被人使用过多年的老房子。建成这些房子的材料都很朴素并且廉价，例如温室组件、波纹挡板和便宜的木材面板等。不过，它们非常本土化并且舒适性高。

　　根据安娜·莱卡顿所说，21 世纪是"使用者（业主）的时代"。她提出，当代建筑要有更实际的追求，超出宣传画上的形象，也不只局限于设计师嘴上随便说说的天花乱坠的概念。但对于莱卡顿来说，建设服务型的环保建筑是义务，享受舒适的生活是权利。要想在技术上和经济上实现这些理想，要将建筑行业视为合作伙伴，并且要掌握工业或其他生产流程，这两点都很有必要。展览中展出的作品完美地证明了莱卡顿的观点。由于使用了为实际开发的复杂建筑系统，她建设的房子又大又便宜。这些建筑有自己的美学价值：有时阳光并富有诗意，有时直率而伴有挑衅甚至丑陋，通常两者可能同时出现。

在这里，建筑师的角色是准备为社会服务的技术主管。在建设的过程中，建筑师用特定的专业知识评估和平衡所有其他因素并确定各因素的优先顺序，使它们结合成一个审美的整体；简而言之，建筑师也是建筑工程的监工。

建筑学科的态度似乎是咄咄逼人的独立风格或意识形态。事实上，安娜·莱卡顿所说的（或者是我对她所说的话的理解）与她许多欧洲同事试图表达的一样，通常是与众不同的，字面上的意思是：建筑学作为一门学科，我们应该重新认识它。我们应该专注于特定的专业知识，并理智地运用它。我们应在学科领域内关注建筑学新的可能性和任务，而非学科以外的领域。她还呼吁我们把可持续发展当作核心理念，只有这样才能对当今时代产生深刻的影响。

我完全认同安娜·莱卡顿对建筑学专业的定义，或者说这也是我对建筑学的解释。"可持续"思想能改变我们对于建筑学的一些看法。这种思维将城市视为一个整体，在处理城市问题时要考虑时间、文化、社会、美学和功能等多方面的问题，时间方面包含持久性和暂时性矛盾。我们在鹿特丹的项目中，所做的实践都是针对较小规模的建筑，这些不同种类项目的可持续性能否实现始终是我们潜在的担忧，而我们所担忧的问题往往决定了项目的进展（图 17.1）。

"共生"展览项目（1999—2006）

因为瑞典住房竞赛的成功，我们被邀请为另一个盛会筹备展览项目。委员会提出一个名为"共生"的展览方案：代表先进的、平凡的、具有双重作用的、小规模的、个人的、临时的生态房屋展览。我们展览项目的主题是在非传统基地上设计并实现小型建筑，有

图 17.1

拉斯·帕尔马斯的 "共生"

图片：Anne Bousema

30 个来自欧洲各地的建筑师和学生团队参与了这项设计活动。在 "共生" 的展览上，建筑师根据自己的具体方案在本土预制（prefabricated buildings），并在展览现场组合建筑，这种建造模式允许我们在暂时可用的基地、未使用的屋顶或水面等地方建造新建筑或保留现有的建筑。我们计划将这些建筑分散在一些社区中，在那里它们将表现出轻微的颠覆性。

"共生"项目概念的灵感部分来自格伦·莫卡特（Glenn Murcutt）设计的土著家庭的房屋。原始的、诗意般简单的建筑给我们留下了长久而深刻的印象，向我们展示了设计师对客户与大自然亲切关系的偏好。莫卡特还设计了一个临时性的但是比较坚固的建筑，在景观上不会留下任何永久性的痕迹。为了追求他喜好使用的材质，他亲自组织建设工作。房屋的大构件在悉尼的厂房中预制，现场只需要很少的人在短时间内便可以组装完成。开始实施时，"共生"的开发理念被定义为对小型的建筑物及其预算采用预制原则。我们也采用类似的理念去适应城市化的欧洲环境，试图像莫卡特展示出的那样，认真负责地工作。

提到临时建筑，我们就会想到这些实践，想到不需要强迫去做长期决策的愉快感觉。除了要遵循刚性建筑规则和避免承担风险,我们应该可以尝试更多的可能性并突破极限。我们认为自己的城市是多层次的有机体,只要能够吸收和容纳计划内和计划外、新的和旧的、已建成的和实践中的项目,城市就会保持宜居性与活力。

最初我们的展览项目被热情地接受。项目的开始阶段,我们要求参与者去做一个 1∶20 的共生项目模型,并将这些模型放在一起做展览,这个展览计划从斯堪的纳维亚半岛巡展到英国,最终在拉斯·帕尔马斯(鹿特丹)结束展览。然而我们第一次在瑞典主办的展览突然失败后,项目发生了变化,"共生"展览被转移到荷兰。当时鹿特丹被选为"欧洲文化之都",另一个大型文化活动(2001 年的项目)的组织者提倡公众参与的理想主义目标。

在鹿特丹战后郊区霍赫弗利特(Hoogvliet),缓慢的复兴过程才刚刚开始,这个相当复杂的过程与 2001 年文化年项目有一定相似性。项目的基地条件恶劣且具有挑战性。拥有多样性和美观外表的"共生"将有助于未来霍赫弗利特复兴项目(regeneration project)的成功。经过几年的空间重组,项目逐步建成,被赋予不同的功能后投入使用。

国际杂志一直认为荷兰建筑只注重表面形象,但该项目却为我们提供了一个意想不到的机会,人们开始反对这一观点。我们展览展示的并不是花哨的对象,也不是精湛的建筑技艺。虽然所有人都在谈论大规模的建设,但我们关注的却是小规模的可持续性。我们推广的是"针灸"(acupuncture)而不是"白板"(tabula rasa),我们珍惜并发展利用现状。我们周围的很多同事都工作在令人印象深刻的住宅街区,我们担心个人情感的表达和城市紧密化的离散。"可持续的暂时性"不是体现在 2000 年汉诺威世博会中令每个人都钦佩并留下深刻印象的荷兰馆,而是体现在由木料堆建成的粗糙、可重复使用的瑞士馆(klangkörper pavilion)。在这个非凡的作品中("身体的声音"(Body of Sound),由彼得·卒姆托(Peter Zumthor)设计的瑞士馆)我们可以听到、感觉到和闻到真实的材料,在这里设计理念、形式和结构作为一体进行考虑,因此我们能感受到空间惊人的魅力。

最后共生的设计方案差别巨大,有些设计务实,也有些设计富有诗意、梦幻和天真，甚至有笨拙的提案，这些设计主要是为了优雅而又乌托邦式的结构。它警醒我们，最终设计得好坏几乎完全取决于材料是否决定建筑形式，而不是形式决定材料。最后由于种种原因，实际上只有两个为展览设计的项目建成：一个是由我们设计的在拉斯·帕尔马斯的鹿特丹厂房（the Rotterdam workshop），另一个是由来自瑞士的梅里·彼得建筑事务所（Meili Peter Architekten）设计的一个临时社区中心。德国和瑞士的两栋建筑符合我们的展览理念，在专业的车间预制，在鹿特丹组装。另外还有 2004 年建设的三个学校——作为优质的应急教室——增加了项目体系结构、技术方面等与社会的关联，这种项目很有前景，未来将建成更多。

我们设计的建筑拥有引人注目的色彩和形状，成为拉斯·帕尔马斯建筑和展览地点的高识别度的立体标志。它象征着创新的紧密化的城市、实践性的住房建设、暂时的城镇规划和无政府的状态。这种共生是由坚实的木材面板构建的，墙壁、楼梯、地板和屋顶都是相同结构的材料，此前在荷兰从来没有像德国一样的木结构建筑。在这个成功的商业开发区出现了一个初级、完全木质的空间，这与潮湿、灰色而又时常变化的都市环境形成了强烈的对比。这里我们关注结构复杂的任务以及可持续建筑体系几乎强制的应用，并采取一种简单的解决方案，我们应在务实的荷兰建筑文化中更好地提高装配能力。

实木结构

自 20 世纪 80 年代，诸如德国、奥地利、瑞士和北欧，这些加工本土软木的国家大批量生产坚固的实木结构（solid timber construction）面板。就木结构的悠久历史而言，这是革命性的发展。木结构系统不再是以木条的形式进行安装，而是改用坚固的均质面板进行安装。与胶合板的生产相比，实木面板是由一层一层不同的木材横向重叠压制而成的。近年来服务需求也有所增长，许多制造商提供不同的产品，因此市场竞争更加激烈。不同的面板有不同的厚度、成分、分层、结构性能、美学质量和价格。

　　使用实木作为构架存在着诸多争议。在理论上可能是可持续性的需求，即在材料层面使用可再生资源进行特定的制造，而木材是一种碳平衡的材料。一些项目展现了木头结构的性能，如用于无向板（undirected slab），使悬臂构件和角窗成为可能。另一些项目需要在极短的时间内建成。还有一些项目受益于材料的质地、颜色、气味和氛围特性。自从 2001 年创建了事务所，一直以来我们所做的项目在以上所有提到的方面都发挥了某种程度的作用，但各方面因素在不同项目中所发挥的作用各不相同。然而，真正决定性的因素为空间和建筑的表达创造了可能性（图 17.2～17.5）。

　　开始第一个建筑实践时，我们着迷于面板惊人的简单构建体系，着迷于它能够提供自由的设计。我们也很喜欢木材活泼而自然的表面特征。对我们来说，材料能够有力证明工业预制不一定受到空间限制。实木构件的具体生产工艺不需要标准尺寸或大量有效的类似元素。因此，木质系统很容易满足设计的需求，具有工业化大规模生产的优点。

　　荷兰专业文化在很大程度上取决于贸易而不是生产和工艺，这也适用于建筑行业。大多数项目是由总承包商建设的，他们确

图 17.2
建设中的私人住宅
图片：Korteknie Stuhl-
macher Architecten

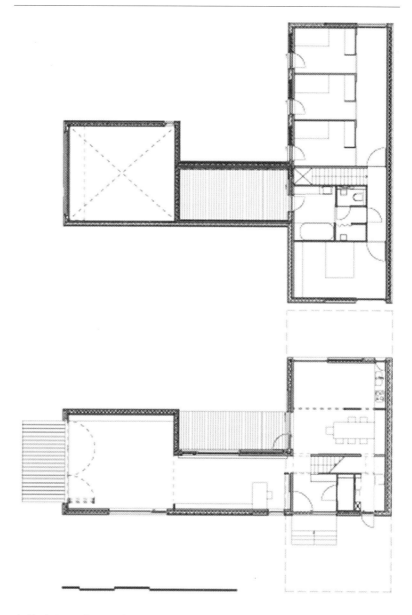

图 17.3

091 私人住宅规划设计

绘图：Mechthild Stuhl-
macher

定技术的可能性和标准。这与许多其他欧洲国家的做法形成了鲜明对比。由于组织建造过程（building process）中的实际情况，许多荷兰建筑将建设过程分为建筑构架建设和室内外材质装修两步来进行。因此，未加工的结构只起到承重骨架的作用，没有任何空间或材料的特质。在特定环境中，建筑文化多年来取决于概念和视觉的问题，而不是基于材料特质和构造语汇。

图 17.4
私人住宅,施工期间的
西立面

17.5
私人住宅,建筑西立面
图片：Moritz Bernoully

　　进口的半预制建筑元素融入这种贸易文化,当地建筑商即使没有专业的技能也可以快速、经济地执行装配。在传统工艺中,我们将原始构建的材料表达纳入到建筑中,但荷兰的传统工艺很昂贵,因此在文化意义上已被取代,而预制装配系统的引入使我们不再依靠传统工艺。

拉斯·帕尔马斯的"共生"(Parasite Las Palmas)

我们所建设的第一个项目,拉斯·帕尔马斯的"共生",由于其建设地点条件苛刻,所以如果没有坚实的木材建造技术根本无法建成。在开始着手这个项目时,我们知道的所有消息仅仅来源于出版物和市场,但我们还是愉快地决定去接受未知的风险。因为我们建立展览项目主要是为了向广大参观者传达我们关于城市可持续(发展)的想法,建筑材料的选择起到了决定性作用。项目旨在强调我们的理念,环境意识和健康建造可以被理解成清晰、直接、当代的正式语汇和富有气氛的建筑。

共生结构的设计最大化地展示了木板作为双向板使用的潜能,最后构成了悬臂式外观。这种材料的应用使我们通过减少开窗的方法降低了对美丽景色的破坏程度。在室内,未经处理的以及暴露的木材表面,以其特有的纹理决定了建筑的表现形式。

19 号住宅(House No. 19)或"游牧民族的住所"

在第一个项目之后,我们又着手于一个相似的小规模项目,这一次是与来自鹿特丹的艺术家比克韦德·波尔(Bikvander Pol)合作,我们的任务是为艺术家设计和建造一个便携式的工作室,作为一个临时住所和展览空间。荷兰交通法规中允许公共道路上行驶的交通工具的最大尺寸是 4 米×18 米×3.6 米,根据基地和环境的不确定性,我们以此尺度设计了一个封闭的"黑盒"(black box)。

尽管 19 号住宅有临时性的特征,但我们旨在设计一个全年宜居的空间(图 17.6)。住宅应该尊重临时居民的隐私,同时促进不同或更多的集体使用。紧凑的平面围绕一个简单的核心来组织,这个核心包含所有设施,如淋浴、卫生间、一个小商店、一个厨房和一个大餐桌。建筑可以作为一个空间也可以被细分成更小的空间。天窗的设计很好地烘托了走廊的氛围 。当大型百叶窗随阴影的变化而打开时,室内空间完全可以变为一个走廊或阳台来使用。

委员会为他们的实验提供支持,这些小型项目对我们来说很

图 17.6

19 号住宅,乌得勒支

图片:Christian Kahl

重要。我们从实木结构中获得的经验以及在空间可能性中获得的发现,在之后的项目中得到了进一步深化。

文化建筑:卡梅斯项目

最近有一个文化建设的项目,阿默斯福特市(Amersfoort)的卡梅斯项目(De Kamers,The Rooms),灵感直接来源于客户参观的 19 号住宅。建筑位于维索思特(Vathorst),阿默斯福特附近的新郊区。维索思特是荷兰 20 世纪 90 年代初建成的低层单功能的郊区(图 17.7)。这些郊区缺乏社会或本土文化的基础设施。

卡梅斯项目是一个由牧师和艺术家发起的私人项目。开拓新郊区的那几年被看作是一段具有社会和文化挑战性的重要时期。在众多赞助商和阿默斯福特直辖市的慷慨支持下,他们共同创建了一个为"社交、灵感和表达"提供场所的空间。随着时间的推移,周围环境日益增长,建筑及其活动也在变化,出现了为各种文化活动的需求和事件提供的空间:如戏剧、电影和创造性教育等。这些空间的核心,好像一个公共"客厅"(living room),对每个人来说都应该是一个舒适的空间。

图 17.7

位于阿默斯福特市的卡
梅斯项目,外观图

图片:Stefan Müller

17.8

卡梅斯项目,一楼公共
区域

图片:Mechthild Stuhlmacher

　　该设计由不同方向的木质立方体空间组成。考虑到多功能使
用和未来变化的需求,这些房间松散随意地排布,每个房间的空间
特征、比例、材质和日光的利用都值得引起特别的注意(图 17.8,
17.9)。

　　有限的私人资助预算导致结构要以内部为主而不是以外部为
主(图 17.10)。这次我们用了两种不同但都极其复杂的木结构系
统。所有的房间都用木材建造。我们使用坚固的木材面板制造墙
壁,用空心的木材元件制造地板和屋顶,这些空心木材元件是从瑞

土进口的,能比实心的木板实现更大的跨度。预制元件可以保证实现一个具有清晰、简单和可持续等结构特点的高质量成品,同时保证良好的空间和声学特性(图 17.11)。

建筑的外观由热处理着色木板复合而成,这是一种新的环保处理方法,使欧洲软木更耐用。基座覆盖着由建筑用户创造的艺术

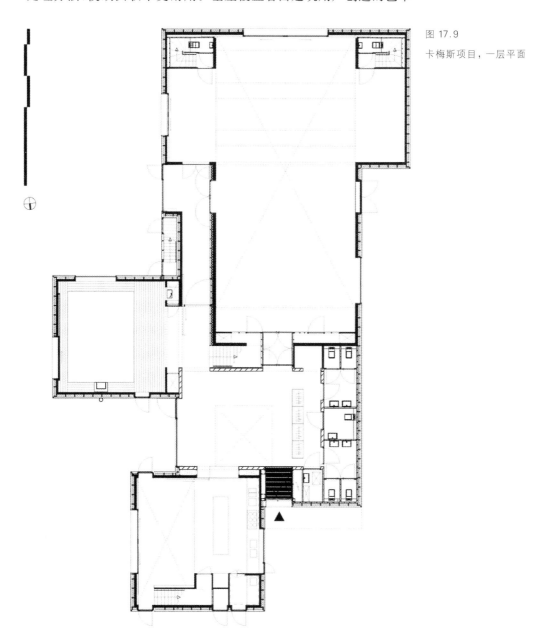

图 17.9

卡梅斯项目,一层平面

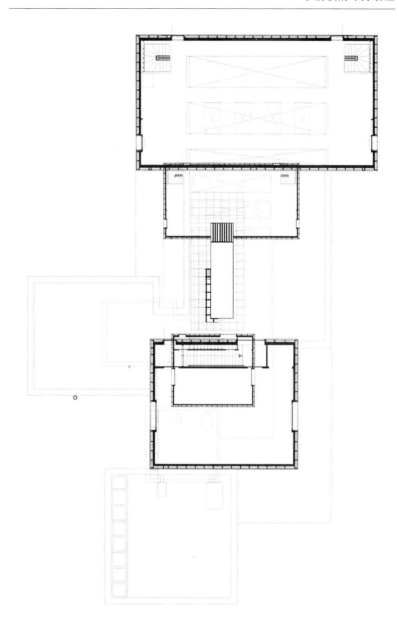

图 17.10

卡梅斯项目，内部图

图片：Stefan Müller

品、涂鸦、海报和文字，好像一条不断变化的手工装饰带，起宣传作用。

立方体的构成带来了半开放式的户外空间。这些"花园房间"（garden rooms）与室内空间一样重要，用作户外舞台、花园和露台。在这里丰富多彩的油漆基座转化为自制壁纸的壁板。大型滑动门强调了室内和室外的直接关系，作为一个整体，项目更加引人注目并具有开放的特性。

图 17.11
卡梅斯项目，文化剧院
空间
图片：Stefan Müller

结论

这些项目及我们对项目的反思只是个开始。2001 年我们建立工作室，那时在荷兰甚至其他许多欧洲国家，公众还没有意识到全球现状与个人行为之间的联系。奇怪的是，尽管近年来公众意识有所改变，最近的经济危机却削弱了人们对建筑文化基础的关注以及我们的职业的可能性。经过八年的实践，现在似乎比以往任何时候都更难找到愿意承担风险的客户以及真正探索建筑可持续发展思维的可能性。

为了阻止这一可怕的发展我们得出这样的结论，尽管努力了，但我们没能向所有人传达我们的担忧。我们现在应该比以往任何时候都更专注于我们的"主要任务"（main task），这也非常符合"理想的建筑师"的描述：健康、美观、耐用、舒适的空间设计。可持续建筑不仅应该只有文化精英参与其中，其他人也应该做些什么。卡梅斯项目是通往光明前景的重要的第一步，因为它结合了我们的技术问题与文化抱负。此外，这是一个舒适的建筑，很多不同的人可以参观（拜访）和享受它，但我们还有更多的工作要做。可持续发展迫切需要的不仅仅是解决技术问题。尽管规避风险的规则已被制定完善，但文化问题依旧十分严峻，需要我们投入更多的关注。

可持续的亚热带城市
木架构的景观建筑

布莱特·安德烈森

当前最紧迫的挑战是：如何去开发一个独特的、可持续的，能够完善我们景观、绿化、气候和社会文化价值观的建设方式。建造昆士兰房屋（Queenslander house）就是一个很好的解决方案，房间四周由木材包围并形成景观系统，提供了各种多样性和富有潜力的环境景观，例如文化和环境的可持续性。本文将探讨安德烈森·奥格曼（Andreson O'Gorman）的建筑作品中，木材被反复使用的案例。

昆士兰建筑

安德烈森·奥格曼设计的建筑物构架采用的是澳大利亚硬木，是亚热带沿海地区常见的一种建筑材料。按照木材的材料特性反过来推导我们的建筑意图，尤其是那些与探索建筑的表达能力以及与自然环境的交互潜力所相关的意图。

自古以来，世界大部分地区的建筑都采用的是木结构（timber-framed buildings）。木材因其独特的层次结构和抗压承受能力，使建筑物具有类似纺织纤维的可变性。正如诺伯格·舒尔茨（Norberg Schulz, 1998:8）所说，北欧人仍然梦想着木质的洞穴，而日本人正生活在这样一个富有渗透层次的世界中。

一代又一代澳洲人，尤其是澳洲东北地区的居民，他们出生在如同世界木材展示馆一样的热带花园。澳大利亚作家戴维·马洛

夫（David Malouf,1990:264）在布里斯班长大,在木头房子里玩耍伴随着他的整个童年,在这里他探索到:

> 这是他对于这个世界的第一次感官体验:那些板帐之间的狭小缝隙,那些朽木柔软的触感,斑斑驳驳的路面,还有被深埋的倒下的树干时不时散发出阵阵清香,如果轻轻拍打一下树枝,就会激起一阵红色的灰尘。

他描述了木质结构的摇曳声以及树木弯曲自如的能力,树木的阴影以及存在于室内的开放性——一个由边框包围起来的阳台——自由生长草丛的开放花园。

此外,布里斯班布满了摩顿湾的无花果树和开花的遮阴树木,形成了盛大的亚热带花园,这个地方的木质房子,无论形式和内涵,都是如此美妙。"谈到木质的事物,他们似乎总是喜欢提到那些挂在树上摇摇欲坠的小屋子"（Malouf, 1990:262）。

置身于亚热带的房子和花园之中,感受到的快乐很大程度上来源于建筑的空间分配,原木材料以及由木质结构组成的循环过滤系统。

我们的任务是设计"昆士兰"这样简单的房子,它的房间由原木包围而形成了开放型的景观,这也为房间景观的多样性提供了潜力。

原生木材

拥有供应充足、技术改进和强大的木材产业,确保了木材在欧洲殖民时期的昆士兰东南部成为主导的建筑材料。因为本土的原生松树(尤其是南洋杉)随手可得,软木成为优选的结构材料,直到耗尽广阔的森林木材供给:

> 一旦这些针叶林被全面清理和烧毁,它们就失去了自然再生的能力。反过来,它们被开放的桉树林所取代,现在似乎是原始的自然保护环境地区,例如库塔山（Mt Coot-tha）。

> （Watson, 1985:12）

这种桉树科（Eucalyptus）植物为建筑提供了大量的硬质木材,它的生长速度、强度、色彩范围、纹理、雕琢性和其他物理性能都有很高的价值。马洛夫谈到世界上大部分地区,如俄勒冈州,应用的都是优质硬木木材,这些木材来源于南洋杉木和进口贸易。

桉树硬木的商业价值在 20 世纪初开始显现。悉尼大学的林业讲师理查德·贝克(Richard Baker,1919:ⅹⅲ)声称:

澳大利亚是世界上硬木种类最多的国家。在全国大部分地区,慷慨的大自然给了我们良好的土壤和适合树木生长的气候环境。退耕还林应该是每一个澳大利亚人的口号。

尽管已经在保护措施方面做了努力,但生态设计基金会(Eco-Design Foundation)估计在过去的 200 年里,澳大利亚近一半的本土森林被砍伐转化为农业用地。目前,近 3/4 的原生森林被用于木屑出口。木材在建筑行业所占的比例明显下降。威利斯与汤金(Willis and Tonkin,1998:15 - 21)写道:"作为总收成的一部分,原始森林产生的木材用于建筑产品的比例仅仅超过 10%。"

到了 20 世纪中期,对木材的需求已经升级并且开始引进新品种,如辐射松(Pinus radiata),会在土地贫瘠和稀少的动物栖息地造成进一步的生态威胁。随着战后引进了替代的建筑材料,硬木用于修建的范围变得有限,主要用于耐磨地板和框架,其中的硬木被隐藏在地板和木龙骨墙的空腔内。

生态原始森林可持续管理的出现以及澳大利亚硬木种植的增加保障了硬木作为建材的供应,同时为保护原始森林做出了贡献。但是,澳大利亚硬木仍然属于稀缺资源,应该注重其内在的价值品质,谨慎而适当地应用。从欧洲殖民时期开始,木材在昆士兰东南部就被广泛应用于建筑,但是令人意外的是,澳大利亚硬木在建筑方面表现的艺术形式少之又少。

桉树构造和木材框架表达建筑思想

建筑师安德烈森·奥格曼一直对使用桉树硬木感兴趣,并且积极探索其建筑表达的各种可能性。多数种类的硬木都为国内的建筑提供原材料。因为其坚固耐用的特性,木材可以在建筑表面塑造中扮演很重要的角色。然而,因为大多数桉树木材所显示的特性,我们不应该仅仅像使用北美或者欧洲软木一样使用它们。澳大利亚硬木在干燥时通常具有极高的硬度,是简单易用的绿色材料(含有大量水分)。因为其明显的螺旋生长特点,从心材到边材的水分具有很大的差别,而建筑内部的材料通常都会保持干燥。

木材也容易发生一定的收缩、翘曲、扭曲并且产生横纹。如所有传统木材的问题一样,活性物质容易发生结构变化。为了克服这一问题,我们使用了一种简单的层压策略。利用成对的组件阻止结晶形成,设置组件间的相对运动有可能抵消翘曲和扭转带来的影响。这一策略最早被应用于雷德班克平原(Redbank Plains)的住宅(1970),并在最近广泛使用,如木鲁巴别墅(Mooloomba House,1995—1999)(图 18.1)。

有了这种方式,木材可以被应用于木龙骨墙(stud wall)内。利用硬木所具备的强度和耐用性,它可以将建筑中的物理结构传达为建筑语汇,随着实木构架从木龙骨墙中解放出来,建筑设计迎来了更多的机会。20 世纪 70 年代以来,我们就一直在探索这项简单的理念。我们试图通过一种可见的物理框架(建筑和结构),将抽象的思想架构具象化。多年来我们尝试过各种方法并且将其调整以适用于各种项目,其中涉及模式的框架和思路、动态可视化、透明性空间和形式特征之间的相互作用(图 18.2~18.6)。

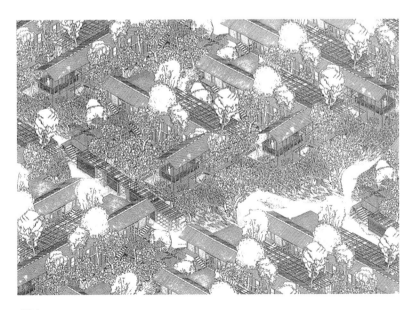

图 18.1
木鲁巴城市:未来亚热带城市的木结构景观
来源:Andresen O'Gorman Architects

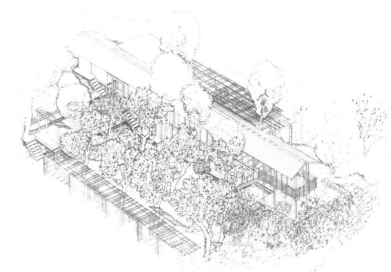

结构表现形式对建筑视觉模式的影响

第一，最简单的工作就是确定建筑的视觉效果（visual patterning）。当然，建筑物的任何技术都是如此，可以通过更清晰的结构得出想要的结果：主框架、二级框架、表皮或"皮肤"（skin）。正如古人曾经通过建筑的规模和各部分比例来传达基本的建筑特质，其中包括基本比例和直观的视觉感受，抽象的特质用来形容建筑物各

图 18.4
木鲁巴别墅：渗透性构
造，人与景观的尺度
图片：Anthony Browell

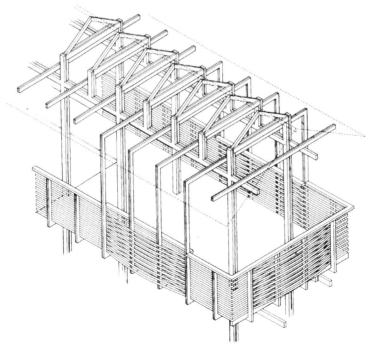

图 18.5
木鲁巴别墅：木结构观
景楼的轴测图
来源：Andresen O'Gorman
Architects

图 18.6

木鲁巴别墅：木质观景楼及外部景观

来源：John Gollings

部分间的关系：例如广场和两倍大的广场，又或者是"黄金分割比"（divine ratio）1：1.618。其他涉及的比喻和隐喻特质（如下所述），更多的是视觉上"骨架"（skeleton）式的框架——使"demas"（人类的思想与身体成为一体）体现出类似于生命与自然之间的关系。

在工作中，我们通过分析人体的几何比例来实现设计的人性化（humanize）。骨骼框架的扩展提供了一个可以将主体的各个部分关联起来的机会。日本传统的木房子（Japanese timber houses），例如榻榻米（大约 1 米×2 米）就是人类存在的一种表达。日本传统的木房子为我们提供了很多其他架构的例子，并且对我们的工作产生了影响。

木材框架的可视化动态

木材框架（timber frames）的视觉动态（visual dynamic）提供了一种有品质的独特的建筑体系。克里斯蒂安·诺伯格·舒尔茨（Christian Norberg-Schulz，1998：8）描述了一种木材与石柱的对比：

石柱耐久性最显著的体现就是其可以平衡重力的破坏力。而木材可以作为网络置身于房屋之中，如屋顶的梁、房屋的肋骨和椽子。木建筑则代表了另一种形式的耐久性。静态耐久性取代动态变化性，而死亡仅仅代表着不断的新开始。

在文章的后半部分，他指出："这是木头能力的体现。它允许整体以动态形式呈现出来。"三维木构架被认为是一个整体概念，就像古时对"口琴"（harmonica）的定义。每个部分都与其他重叠系统的部分个体有合乎逻辑的动态关系，使它们从属于一个整体。对部分与整体关系的动态解读是生活和艺术的基础。

透明性

木材承受压力和张力的特性使其在加工和尺寸变化方面是有很多可能性，从而拥有更广泛的使用范围，无论从家具还是到原木的教堂。它的负载能力、中等跨度的弯曲度和使用各种简单的工具进行焊接的技术有助于国内建筑木材的长期应用。这些特点导致了概念性建筑框架的形成，一个建筑物是由一系列关联结构拼接而成的（图 18.7）。

如何超越过去的一些建筑特质。透明性（transparency）是建筑物的一个有趣特点，使空间层次变得显而易见，例如：内部和外部，较高和较低的空间，客厅和门廊。日本传统木结构建筑能够表现出木结构的基本框架和必要的透明性。不封闭的外部墙壁，使得空间可以自然地过渡。没有固定的点和空间，而是层层展开。

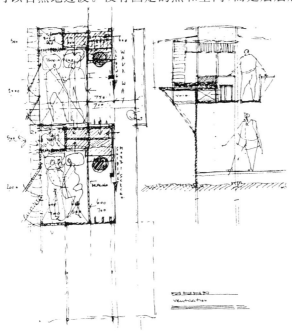

图 18.7

木鲁巴别墅工作室：横断面研究——早期草图

来源：Andresen O'Gorman Architects

涉及空间层次感的划分有许多关于光线和阴影方面的工作要做，这是可以触发人类记忆的最简单条件，比如坐在一棵大树的凉爽树荫下，看着阳光照射到草丛中。澳大利亚东北部沿海气候温和，亚热带的光线为创造有层次的室内外光影空间提供了良好的机会，创造了微妙的明暗层次和扩大的空间体验。

在澳大利亚的风景中，细节从背景中脱颖而出。不同于其他国家的树种，桉树是清晰而通透的。无论是独立的或聚集成一个更大的整体，树结构中的干、枝都清晰可见。桉树的颜色像灰绿色的烟雾一样，季节性地散发出刺激性的花香味。我们希望建筑也能同其一样，拥有丰富的层次感和透明性的空间特质。

空间概念和构架概念之间的关系

澳大利亚建筑位于许多不同的风景区和气候区。我们的工作通过组织小空间内持续的相互作用来与周边景观相呼应。其中包括建筑形式的相互关系，在自然环境中展现不同角度的风景。木结构的各种尺度可以作为识别建筑单元空间的子因素，并且运用这些因素来清晰表达更多的形式。

当然，有许多组织一系列子空间的方法。在建筑领域中，有许多基于社会领土和排序经验的概念性要求。一个著名的例子是路易斯·韩（Louis Khan）对"服务"（Served）和"仆人"（Servant）空间的分类。我们通过空间体验来确定有关联的活动，这些空间体验包括做饭、睡觉、洗澡等首要活动，也包含过渡期的使用行为。

在设计的过程中需要创造性的概念整合。我们的目标是将一个明确的空间区域表达形式确定为简单有用的空间区域——骨架区域（如"脊椎"（spines）、"笼子"（cages）、"网"（nets）或网格）。通过结构来传达韵律、方向、特点和尺度。

通过提升场所品质来增强建筑体验

科尼利厄斯·凡·德·文（Cornelis van de Ven 1987:5）解释了"分割"（Stereotomic）和"构造"（tectonic）形式之间的区别。重型材料叠砌的构造形式（Stereotomic forms）创造的建筑空间，犹如雕刻出的固体物质（如石头，混凝土或黏土），其本质旨在唤起关于在山洞里避难方面的记忆。轻质材料进行搭接的形式是铰接组件构建的空间,互相连接,树屋是其特色 。虽然它们通常与"大规模"(massive)或"骨架"(tectonic)结构系统一样都有木材构建的潜在表达,但这些空间类型被定义为典型的避难所、洞穴和凉亭(图18.8)。洞穴和凉亭式的空间在我们的设计中重现,包括因杜卢皮利(Indooroopilly)、汤姆斯盖特(Tomsgate Way)、莫兰帕(Mooloomba)和罗斯伯里(Rosebery)的住宅。

图 18.8

木鲁巴别墅:从"洞穴"样的客厅看向"亭子"样的工作室

来源:Andresen O'Gorman Architects

通过边界表面和支撑件之间的区别来定义骨架系统。支撑元素通常是柱子和梁,它们经常反复出现,并作为主要和次要的元素,这样便提供了多种组合的可能性以及广泛的潜在特性和表达方式(图 18.9,18.10)。

自文艺复兴(Renaissance)以来,当建筑师试图通过结构的形式获得更强的接合度时,通过整合初级和次级结构系统,大规模的系统已经被改造成复合工艺的实心墙。当然,文艺复兴创造了具有重叠表现性质的壁柱技术,对建筑高度接合的透视法做出了贡献。这样,"大规模"实墙的坚固性可以恰当地表达建筑的"构造"结构。

图 18.9
木鲁巴别墅:纵剖面研究——早期草图
来源:Andresen O'Gorman Architects

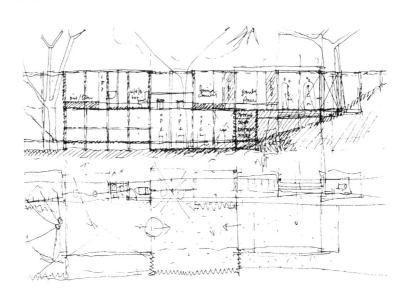

图 18.10
木鲁巴别墅:纵剖面
来源:Andresen O'Gorman Architects

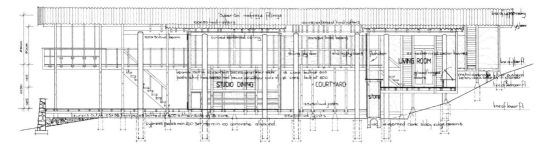

SECTION A-A

对于理解这个最简单的设计选择中的全部机遇,如下的推论也是正确的:如果建筑理念受到象征性外部形象表达的压制,将暴露的结构从室外转向室内还是有可能的(Tomsgate Way,1990)。如果寻求内一外空间的模糊性,可以设计内外框架都暴露在外的墙壁,如木鲁巴别墅的建造(图 18.11)。

分开独立的抽象表达元素(需符合结构要求)在文艺复兴时期得以发展,被现代主义者所热衷。分离元素进一步为视觉层次和"非凡的透明性"(phenomenal transparency)提供机会,同时通过叠合的尺度、色彩、肌理、光线等不同的材质来增加层次感。分隔开放式框架的条件以及澳大利亚东北部的亚热带地区提供的传达透明性的潜力都是巨大的优势。

材质传达建筑的个性与视觉语汇

在构造节点处适当掌控灵活的尺度,木材就能在建筑上发挥

图 18.11

木鲁巴别墅:下午的工作室

来源:Andresen O'Gorman Architects

最大的潜能。值得注意的是，它可以清晰地显示整个细节，就像日本传统房屋一样。正如我们从西方得知的，这些木建筑不是由建筑师建造的，而是由建造大师（master builders）建成的。作为学徒，建造者应该了解构造节点（jointing）系统的相关知识，将比例原则和协调的三维空间运用于框架的"mats"系统中。

日本建造大师为木材接合的方法做出了相当大的努力，尽管梁和梁是累叠起来的，但可将重力转化传递，并使主框架的视觉形式在角落得以延伸，进入第三维度。显然，对于日本建造大师来说，为了满足人体尺度和入口高度的连续性，基础框架中的三维节点的链接变得更加困难。这表明完成建筑意图中细节的重要性。

然而，如果主要和次要元素在拐角处叠加成另一个元素（stacked on one another），建筑的个性将变得不那么保守，而更富戏剧性和抽象性。这种效应可能就是我们期望的结果。对于主要结构的子组件，可通过抑制或表达这些子集的特定物理特性，大大改变视觉通透性。这里出现的问题是建筑个性的范围从古典到有机，而且是一个无休止的增长模式。木鲁巴别墅中古典和有机特点的共存将这种动态效应进一步夸大了。

戴维·马洛夫认为建筑往往被认为是一个序列，这是一个不需要证明的真理。感受一个地方所拥有的记忆，并赋予建筑最强大的特点之一：通过隐喻去唤起感官的潜力。任何一种建筑框架如果是由彼此支撑的构件（从表皮到次框架再到主框架）组成，那么这个建筑通常具有优秀的结构（textural grain）。例如，任何暴露的框架组织系统都依赖其他部件的支撑，将使建筑具有丰富的隐喻性。

戴维·马洛夫的记忆满是他对童年的家的温暖回忆，打开木屋后充满了复杂的南洋杉（hoop pine）气味和声音，构成了他对世界的第一次体验。木材的起源及其运用都十分有深度，像诗歌一样，在写作中反复出现的主题是一个"凝固的历史"（frozen history）和"生命的力量"（life force）。不管它的起源是什么，人类与木材之间的关系几乎可以包含一切神秘的暗示。

参考文献

Baker, R. T. (1919) *The Hardwoods of Australia and Their Economics*,
    Sydney: NSW Government.

Malouf, D. (1990) 'A first place: The mapping of a world', in J. Tulip (ed.) *Johnno, Short Stories, Poems, Essays and Interviews*, Brisbane: University of Queensland Press.

Norberg-Schulz, C. (1998) 'Treverk', in *Arkitekturhefte* 1, Oslo: Trelastindustriens Landsforening.

Van de Ven, C. (1987) *Space in Architecture*, Assen Maastricht: Van Gorcum.

Watson, D. (1985) 'An overview of the Brisbane House', in *Brisbane: Housing, Health, The River and The Arts*, Brisbane: Brisbane History Group.

Willis, A.-M. and Tonkin, C. (1998) *Timber in Context: A Guide to Sustainable Use*, Sydney: Construction Information Systems Australia Pty Ltd.

生态前沿之外

约翰·芬　埃丝特·查尔斯沃思

介绍

　　作者通过本文的案例指出,在建设可持续城市时,需要面临三个迫切的设计挑战。第一,城市的政府人员、管理者和设计师需要认识到城市设计、基础设施(infrastructure)和建筑的连锁维度,以及规划可持续城市中相互依赖的维度关系。第二,社会发展和社会公平对环境可持续发展的重要性。第三,需要把可持续当成一项政策或者一系列的设计工具用以实现特定的目标。最后一章设计所面临的挑战(design challenges)进行了总结:先概述了前两个可持续发展的挑战,然后对可持续观点进行评论,第三部分阐明了将可持续发展视为一种思想框架的含义,即"可持续学习型城市"(sustainable learning city)概念的产生。

迫切的设计挑战 1:
城市设计、基础设施和建筑的相互关系

　　在本书的引言里,《前沿生态技术》作者埃丝特·查尔斯沃思指出了建设可持续发展城市时承诺和现实之间的差距。她强调"绿色话语"(greenspeak)在建筑和设计的探讨中有优势,但是建造领域却少有这样的例子,被动式太阳能设计、循环用水、高效能源和低碳材料都可能出现在住宅、公寓、工厂和公共建筑办公室的设

计中。这本书的第三部分有可持续建筑图文并茂的案例研究。无论是通过本书的作者保罗·道顿描述的"生态城市"(ecopolis)的综合设计原理,还是另一个作者博伊斯顿描述的萨凡纳市中心的循环利用,又或者是作者内维尔·马尔斯(Neville Mars)所述的在中国实现的"绿色边界"(green edge),我们都可看出基础设施在城市可持续发展建设中的作用。扩大敏感城市设计的机遇,在住宅区之间创造就业机会、促进公共交通是可持续基础设施长远发展的潜在方法。这些都可以看作是对当前和即将出现的人口增长和城市气候变化的回应,本书的第一部分阐述了对这些可持续发展城市设计案例的研究。

为了我们的城市,现在最迫切的设计挑战是做出承诺并且有能力把城市设计、基础设施和建筑整合成一系列连贯的愿景、政策框架和行动计划。正如本书的作者斯科特·德雷克在他的章节中多次提到的一样,我们面对的挑战不仅仅是技术,而是类型学,并邀请政府和城市的企业塑造者寻求新的城市形态类型学。在案例研究中也不乏这样的例子,例如:澳大利亚墨尔本、越南首添、英国南岸、中国新余市和美国萨凡纳。有趣的是不论是依靠城市设计,还是基础设施或建筑,在建设可持续发展城市时,这些案例都成功地满足了设计挑战。

迫切的设计挑战 2:
确保绿化过程中社会的发展和平等

在可持续城市化方面,许多书籍和论文的观点都有一定的局限性,例如适应自然、能源有效利用等。米迦勒·索金(Michael Sorkin)认为,帕特里克·格迪斯(Patrick Geddes)和他的花园城市"重新描述了城市化具有显著的生物学基础",至少部分受到了达尔文进化论的影响(Sorkin,2005)。因此,他说未来城市丰富的绿化将成为效率和进步的标志。索金(2005:233)还认为:

我们的城市所面临的每一个现实问题,自然中都会有一个答案。我们的新城市花园——随处可见——为我们提供氧气,隔离二氧化碳,控制温度,为人类提供栖息地,为我们提供食物,生长出建筑材料,让我们的目光平静,使我们的自主权机械化。这种情况必须成为常态,并成为我们生活的依托。

和城市绿化同样重要的是,可持续发展要综合城市生活的文化、社会和经济方面,使它们协调发展。因此,本书中的许多案例都在强调生活质量问题以及"本地"(the local)和"绿化"(the green)对于整合我们城市工作和生活的重要性。本书的作者维姆·哈夫卡姆、希拉·奈尔和克瑞斯娜·迪普莱西提供了具有深刻见解的城市可持续性的研究案例,这些案例在其他建筑学著作中是从未出现过的。

哈夫卡姆认为,因为不断增加的现代城市种族混合,不断上升的城市暴力,使城市管理者面临迫切的挑战。在她和乔恩·卡兰(Jon Calane)对"分裂的城市"(Divided Cities)研究中,本书作者艾斯特·查尔斯沃思认为城市可持续发展取决于城市管理者和公民对城市文明公约的维护,例如公平、平等、透明地享受服务、就业和其他城市生活福利。所有城市都遵守城市公约,但是一些分裂的城市如贝鲁特、贝尔法斯特和耶路撒冷,已经普遍爆发了暴力和分裂,它们的未来比其他城市的未来更加黑暗(Calame and Charlesworth,2009)。哈夫卡姆对于荷兰突然爆发的城市种族暴力的案例研究为社会可持续发展提供了新视野,在这当中建筑师和设计师起到很重要的作用。

在希拉·奈尔的案例研究中这种观点同样适用,印度城市的迫切挑战是提供清洁的饮用水和卫生设施。获得饮用水和卫生设施是一项基本人权,而不应作为商品交易和买卖,这个案例研究说明了设计师应作为人权的捍卫者,并且可以为社会公平和公共卫生做出贡献。然而,我们想知道,建筑师设计方案时是如何体现这些的?在设计水箱和雨水收集系统中他们扮演着什么角色?又或者在穆西里为了个人卫生健康和河流卫生而设计生态卫生设施和户外厕所时扮演什么角色?如果建筑师可以为艾烈希(Alessi,意大利家用品设计制造商)设计茶壶,为富人设计椅子,那么当希拉·奈尔进行"示范村庄"(display villages)替代厕所的设计时,设计师应该做什么?在辛西娅·史密斯(Cynthia Smith,2007)的《为另外 90%设计》(*Design for the other* 90%)的引言中,保罗·波拉克(Paul Polak)写道,世界上绝大多数的设计师专为世界上最富有的10%的客户开发产品和服务,使设计师为另外90%的人去设计成为一场设计革命。

本书作者克里斯·迪普莱西在约翰内斯堡的案例研究指出,这两个案例研究强调了社会可持续性设计和基础设施建设的作用,鼓励我们超越合理有序的城市规划景观、认识混沌的边缘才是城市的自然状态。与斯科特·德雷克和其他作者的想法一致,她认为,城市的可持续性不一定是"在技术、经济和社会意识形态上的正确选择,或者找到一系列预先确定的解决方案"。迪普莱西提到的"有效地参与城市的自然进化",以及希拉·奈尔所谓的城市及其资源的"社区共同管理"(community co-management),这些都是社会可持续发展的一部分。安德烈森对这个问题进行了补充,可持续发展不仅是指自然环境的可持续,也与我们的信仰和文化价值观有关。同时约翰·沃辛顿指出,在城市管理方面的可持续发展已经成为目前城市设计需求的首要目标。本书的编辑罗伯·亚当斯认为,如果想要可持续城市化的目标得到满足,必须"刺激并转变社会的期望和行为"。

紧急设计挑战3:
向可持续学习型城市迈进

第三个挑战来自前几节中一些突出的矛盾。《前沿生态技术》作者认为,要满足可持续城市发展的迫切设计挑战,公众的参与是必要的,对许多不同的意见应当采取不同的对策。希拉·奈尔和克里斯·迪普莱西更倾向民主分享制,而亚当斯认为城市政治家、规划者和建筑师是空间和基础设施的设计者,能激励社区行为,这样就可以得到更多的可持续性成果。而作者拉尔夫·霍恩支持利用一种社会技术方法来实现可持续性。

然而,从大多数章节来看,不可持续发展的根本原因是对当时的价值观和社会经济、政治、文化理解的缺失。作者梅勒妮·多德写道,"我们的城市不是中立的容器,可以通过自上而下的政策走向可持续的发展道路"。在该文中,她说城市可持续发展的大多数方法都忽略了一个事实,不可持续发展的根本原因并不在规章、技术和社会的做法,而在于普遍的态度和价值观是否在社会上具有很强的存在性。可持续发展作为一项政策或一项可以识别社会多样性和复杂性的技术具有很重要的社会意义和价值。更重要的是,我们无法置疑这种制裁过度开采自然和维护不平等设计的心态。

迈克尔·伯南特(Michael Bonnett,2002)认为,可持续发展应作为应对人类和非人类天性的一种心态,是寻求共同进步的一个过程,而不是把可持续发展仅仅作为旨在实现某种目的的政策。正如他所说的:

> 这些种类的调查揭示了在社会中发挥作用的潜在主导动机是我们对自己的最基本思考和对世界思维方式的内在理解。这样一个形而上学的调查不可避免地会令人不安,但它在可持续发展目标实现的基础上更具有实际意义,就好像它关注一个政策解决的实际问题而不是这项政策的意义。

> (2002:19)

尽管这是对可持续城市发展方面的考虑,实质上是一种为应对社会变化的基于学习的方法,对于城市化的研究而言并不是什么新概念。然而,城市既是人们居住的社区,同时也是值得学习如何帮助人们的场所,更是思考如何改变其现实的中心。农业生产力的创新使从日常食物的生产中解放出来的人数比例越来越大,城市化的进程使工匠、祭司、学者和公民聚在一起辩论和讨论有关"家"的生活质量问题。

"学习型城市"被形容为"可以动员各个部门全部资源进行发展,丰富人类潜能来促进个人成长,维护社会凝聚力并创造繁荣"。换句话说:

> 学习型城市是在任何变革时代都会致力于更新自己的城市、城镇或村庄。以终身学习作为组织的原则和社会目标的学习型城市可以促进城市、个人、组织和教育部门的协作,在这个过程中达成经济可持续发展和社会包容性的双重目标。

> 学习型城市网络(Learning City Network,1998)

经济合作与发展组织(OECD,2001)发布的一份报告中强调了这样的社会经济发展和学习之间的联系,但直到最近,学习型城市的运动才开始考虑可持续整体的综合性。于是从三重底线的观点来看(图 19.1),罗恩·法里斯(Ron Faris)认为,学习型城市的建立需通过如下途径:

(1)通过终身学习和巩固经济活力来增强人力资本和社会资本;

(2)通过终身学习,尤其是非正式和成人教育,来发展社会资本并促进社会凝聚力;

(3)通过积极参与到物理环境中学习尊重土地和人类的相互依存关系。

建设可持续学习型城市关键的方面是将场所感(sense of place)和可持续性道德观念(sustainability ethics)作为核心目标。不仅仅因为这样有助于保护自然环境,或使人觉得像在家中一样舒适,同时也由于社区所具有的经济活力,是居民享受到高品质生活的关键。因此,建设可持续城市的成功取决于如下方面:

(1)一个平衡健康的自然环境;

(2)将教育作为发展经济和创造财富的基础;

(3)公平、宽容和包容的价值观;

(4)高水平的公民控制和自主权利;

(5)一种看似不能改变的文化反而会有成功的可能性;

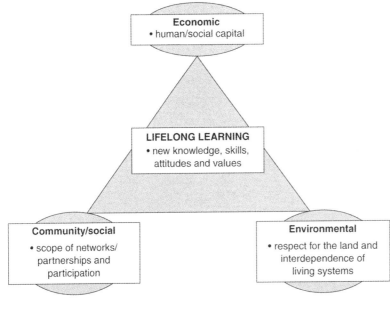

图 19.1

终身学习和可持续发展的三重底线

来源: Adult Learning Australia

　　(6)合作伙伴关系和社群相互作用是共同促进社会行动和改变的一种方式(Morris,2001)。

　　然而,可持续学习型城市的目标如果没有政策的辅助将无法实现。各级政府中,最接近人们日常可持续性需求的部门是市议会。将可持续性学习注入市议会参与的可持续规划流程中,不仅仅是一个愿望,也是一个管理整合的过程。在这里,民主协商(deliberative democracy)的形式,强调了民众参与可持续规划的重要性(Gastil and Levine,2005)。根据上述观点形成的可持续规划原则得到广泛使用。表19.1展示了一些最简便有用的指导原则。

　　在这些资源中,所有协商民主策略的核心是场所(place)的概念,需要城市管理者、社区团体和成员认识到城市生活和责任的生态维度,即每个人都在消耗资源,这种认识同时影响到人类及其相关因素和非人类的物质因素。面对现实,我们必须认识和理解生活中实际出现的问题,并理解我们学习的真正出路(learning our way out),了解社会资本的相互依存发展关系,学习如何保护我们的自然资本,为迎接建设可持续城市所面临的挑战做好准备。

表 19.1　民主协商的工具(来源:作者)

公民科学工具箱(The Citizen Science Toolbox):*www. coastal. crc. org. au/ toolbox/index.asp*

社区规划手册及网站:*www. communityplanning. net*

新南威尔士 iPlan 社区(The New South Wales iplan Community)参与要点:*www. iplan. nsw. gov. au/engagement/essentials/index. jsp*

维多利亚有效参与指南(Victorian Effective Engagement Kits)和可下载的有效参与规划工具:*www. dse. vic. gov. au/dse/wcmn203. nsf/0/ 8A461F99E54B17EBCA25703 40016F3A9?* open

美国参与式社区管理策略:*www. health. state. mn. us/communityeng/disparities/strategies. html*

参考文献

Adult Learning Australia (2005) *Hume Global Learning Village Learning Together Strategy* 2004/2008,Canberra:Adult Learning Australia.

Bonnett, M. (2002) 'Education for sustainability as a frame of mind', *Environmental Education Research*, 8, 1: 9-20.

Calame, J. and Charlesworth, E. (2009) *Divided Cities: Beirut, Belfast, Jerusalem, Nicosia and Mostar*, Philadelphia: University of Pennsylvania Press.

Gastil, J. and Levine, P. (eds) (2005) *The Deliberative Democracy Handbook: Strategies for Effective Civic Engagement in the Twenty-First Century*, San Francisco: Jossey—Bass.

Learning City Network (1998) *Learning Communities: A Guide to Assessing Practice and Progress*, London: Department of Education and Science.

Morris, P. (2001) *Learning Communities: A Review of Literature*, Working Paper 01-32, Research Centre for Vocational Education and Training, Sydney: University of Technology Sydney.

OECD (2001) *Cities and Regions in the New Learning Economy*, Paris: Organisation for Economic Cooperation and Development.

Smith, C. E. (2007) *Design for the Other* 90%, Paris: Editions Assouline, pp. 2-3.

Sorkin, M. (2005) 'From New York to Darwinism: Formulary for a sustainable urbanism', in E. Charlesworth (ed.), *CityEdge: Case Studies in Contemporary Urbanism*, Oxford and Burlington Mass.: Architectural Press, pp. 226-233.

索引

译后记

本书是根据 *The EcoEdge*：*urgent design challenges in building sustainable cities* 翻译的。在绿色生态理念无所不在的今天，城市却依然面临着各种各样愈加凸显的危机，可持续的城市转型已经迫在眉睫。城市规划者们试图通过规划的理性途径来解决问题，却又陷入协调生态环境、社会经济、民众参与、政策法规等等之间的矛盾冲突之中。

本书主要包括三大部分，分别阐述了可持续城市发展的相关内容，第一篇主题为城市设计，第二篇主题为基础设施，第三篇主题为建筑。本书综合了全球前沿的可持续城市规划设计的实践案例，抛弃了传统理论讲解式的说教，而是深入分析案例的成败，尖锐地指出矛盾所在，并提出可行的规划途经。因此，本书无论对于城乡规划研究学者及专业设计人员，还是城乡建设及管理人员都是一本难得的参考书，译者也希望通过此书提高专业人士对城市环境发展的关注和反思。

哈尔滨工业大学建筑学院城乡复兴与发展研究所的同仁们竭尽全力，历时一年将此书翻译完成。在本书的编译过程中，张晓瑜、卫渊、戴金、伊娜等硕士研究生参与了部分初译工作，付婧莞、蔺阿琳、侯拓宇、陈宇等研究生参与了后期译校等工作，在此一并表示诚挚的谢意。

由于作者水平有限，书中难免存在不足之处，敬请各位同行专家批评指正。

哈尔滨工业大学建筑学院

城乡复兴与发展研究所

陆明　邢军

2016 年 12 月